特色农业气象服务

孟 莹 姜 鹏 主编

辽宁科学技术出版社
·沈阳·

图书在版编目（CIP）数据

特色农业气象服务／孟莹，姜鹏主编.—沈阳：辽宁科学技术出版社，2023.5

ISBN 978-7-5591-3003-7

Ⅰ.①特…　Ⅱ.①孟…　②姜…　Ⅲ.①农业气象—气象服务　Ⅳ.①S163

中国国家版本馆CIP数据核字（2023）第080988号

出版发行：辽宁科学技术出版社
　　　　　（地址：沈阳市和平区十一纬路25号　邮编：110003）
印　刷　者：辽宁鼎籍数码科技有限公司
经　销　者：各地新华书店
开　　　本：170 mm×240 mm
印　　　张：7.75
字　　　数：148千字
出版时间：2023年5月第1版
印刷时间：2023年5月第1次印刷
责任编辑：陈广鹏
封面设计：义　航
责任校对：栗　勇

书　　　号：ISBN 978-7-5591-3003-7
定　　　价：38.00元

联系电话：024-23280036
邮购热线：024-23284502
http://www.lnkj.com.cn

本书编委会

前　言

　　党的十八大以来，气象部门努力建设农业气象服务体系，气象服务"三农"作用日益显著，农村气象防灾减灾能力明显提升。进入新发展阶段，全面推进乡村振兴对气象服务提出了更加多元化的需求。

　　本书围绕特色农业气象服务需求，分为 8 章全面介绍了特色农业气象保障服务工作。1～4 章分别从设施农业、畜牧业、林业和果品业、经济作物 4 个特色农业服务领域介绍了气象服务工作的基本理论、服务要点和服务个例。5～8 章分别从特色农业气象适用技术、特色农业气候区划、特色农产品气候品质评价、特色农业保险气象服务 4 个技术方面介绍了特色农业服务的技术要求和服务产品实例。将理论与实践应用相结合，每一章都附带了服务产品或应用实例，是广大基层农业气象管理人员、专业技术人员日常学习和掌握特色农业气象服务业务要求的基础用书，也可以作为农业气象业务教育培训教师的参考书。

　　本书在编写过程中，虽然力求反映特色农业气象服务的理论和实践，但是受水平限制，难免存在不妥和错误之处，敬请读者批评指正。

编者

2022 年 7 月

目 录

1　设施农业气象服务

　　设施农业以园艺作物高效生产和反季节栽培为产业定向，在一定程度上摆脱了对自然环境的依赖，为农业生产提供相对可控甚至最适宜的温度、光照、水肥等环境条件，其较高的投入产出比和高效生产模式，极大地促进了区域农业提效、农民增收，成为我国农村经济发展的支柱产业，并逐步走向标准化生产。根据环境气象因子设计墙体厚度、仰角、覆盖物透光性等建设参数。我国设施农业生产的主要设施类型包括日光温室和塑料大棚。

　　日光温室，也称暖棚，"东西墙及北墙均为实体墙或复合墙体、后屋面为保温层面、南侧前屋面为采光面的温室"。其采光性和保暖性能好，取材方便、造价适中，节能效果明显，适合小型机械作业，主要种植蔬菜、瓜果及花卉。塑料大棚，也称冷棚，多指没有墙体的薄膜塑料大棚。它是一种结构相对简单、造价相对低廉的简易保护地设施。其安装拆卸简便，通风透光效果好，使用年限较长，主要用于果蔬瓜类的种植。日光温室主要应用于我国北方地区，而冷棚主要应用于我国南方地区，冷棚在北方地区常用于晚秋和早春的生产中，主要起到春提早、秋延后的作用。

　　设施农业小气候的观测要素主要有空气温度、相对湿度、地温（5～30 cm）、土壤水分（5～30 cm）、日照时数、太阳辐射量、光合有效辐射、风向、风速、CO_2浓度。目前，人们把计算机技术、信息技术应用于温室的环境控制，已经能够实现自动监测及自动调节，提供与季节无关的适宜作物生长的环境。

　　开展设施农业农用天气预报、设施农业气象灾害影响分析等的研究与应用，是设施农业防灾减灾的关键点。在当前极端气象灾害频发的背景下，如何提升设施农业气象保障服务水平及防灾减灾能力，是农业气象领域亟待解决的重要问题。

1.1 设施农业气象服务概述

1.1.1 设施农业与气象条件的关系

1.1.1.1 温度

温度对设施作物的生长发育及产量形成有着至关重要的作用。它既可以通过影响光合、呼吸、蒸腾、有机物的合成和运输等代谢过程影响作物的生长，也能通过影响水肥的吸收和输导影响植物的生长。每种设施作物的生长发育都对温度有一定的要求，即温度的"三基点"，包括设施作物生长的最高温度、最适温度、最低温度。在最适温度条件下，设施作物的同化作用旺盛、生长良好，当超出最高或最低限度温度时，其生理活动将会停止，甚至死亡。同种设施作物的不同生长发育阶段对温度的要求也不相同。

发芽期：一般作物种子出土前要求较高的温度，以促进种子的呼吸作用及各种酶的活动，有利于胚芽萌发。幼苗出土前，保持较高温度，以使其快速出土。出土后发出第一片真叶前，应适当降温，温度过高时，胚轴易徒长而形成高脚苗。

幼苗期：一般作物幼苗生长最适温度较发芽期低，温度过高则容易徒长。但幼苗对温度的适应范围比产品形成期广，生产上可把幼苗期安排在温度较高或较低的月份。对一年生果菜类来讲，其花芽分化通常在幼苗期就开始了，而花芽分化的节位、数量及质量对温度的反应相当敏感。对于瓜类蔬菜来讲，在花芽分化期，将夜温控制在生长适温的下限，还可促进雌花的形成。

营养生长期：一般作物营养生长要求的温度比幼苗期稍高。甘蓝、萝卜在营养生长的后期，即叶球或肉质根等贮藏器官开始形成的时期，温度又要低一些。

生殖生长期：在开花结果期，不论是喜温蔬菜还是耐寒蔬菜都要求较高的温度。种子成熟时，也需要较高的温度。

以几种蔬菜为例，可以更加直观地认识蔬菜不同发育时期对温度的不同需求。韭菜种子发芽的最低温度为 2 ~ 3 ℃，最适温度为 15 ~ 18 ℃，幼苗生长最适温度在 12 ℃以上，产品器官形成期的最适温度为 12 ~ 23 ℃，开花期对温度的要求较高，一般为 20 ~ 26 ℃。茄子出苗前要求温度达到 25 ~ 30 ℃，出苗至真叶显露要求白天温度为 20 ℃ 左右，夜间温度为 15 ℃ 左右，在苗期白天以 25～30 ℃ 为宜，夜间以 18～25 ℃ 为宜，开花结果期则以 30 ℃ 左右的温度为宜。黄瓜发芽期的最适温度为 25～30 ℃，幼苗期和初花期最适温度白天为 25～30 ℃、夜间为 15～18 ℃，开花期最适温度为 18～21 ℃，结果期最适温度白天为 25～29 ℃，夜间则为 18～22 ℃。

在自然条件下，气温呈现周期性变化，蔬菜生长发育适应温度的某种节律性变化，并遗传成为生物学特性，这一现象称为"温周期现象"。保持适当的昼夜温差能够促进植物的生长。白天温度较高有利于光合速率的提高，合成的光合产物增加；夜间温度较低，呼吸速率降低、有机物质消耗减少，有利于物质的积累。适宜的夜温有利于根的生长，使根吸收更多的矿质营养及水分，供应地上部分的生长需要。同时适当的夜温还有利于细胞分裂素类激素的合成、调节蔬菜的生长和分化。保持适当的昼夜温差不仅能够促进蔬菜的生长，也有利于碳水化合物的积累、改善品质。

1.1.1.2 光照

光是绿色植物进行光合作用不可缺少的条件。影响作物生长发育的光照因子主要有光照强度、光周期和光质。

光照强度是指单位时间内单位面积上所接受的光通量，光照强度因地理位置、地势高低，以及大气中的云量、烟、灰尘的多少而不同。由于天气状况、季节变化和植株高度的不同，光照强度会有很大的变化。

光照强度对植物的生长发育影响很大，它直接影响作物光合作用的强弱。当其他条件满足时，在一定的光照强度范围内，随着光照强度的增加，光合作用强度也相应增加。但每种作物都存在一个光饱和点，当光照强度超过光饱和点时，光合作用强度将不再随着光照强度的增加而增加。光照强度还能影响植株的形态，在弱光条件下，植株通过扩大自身的叶面积和增加株高，捕捉更多的光能，提高光能利用率，制造更多的有机物满足生长发育的需要。

作物的生长受多种气象要素的共同调控，光照的强弱和温度的高低需要相互配合才能有利于植物的生长和发育。如果在弱光条件下，而温度相对较高，将导致作物呼吸作用加强，消耗更多的能量，从而会使作物产量降低。

光周期指 1 d 中日出至日落的理论日照时数，植物开花对日照长短的周期性变化发生反应的现象，称为光周期现象。作物对光周期诱导的敏感性因种类而异，同一种作物不同品种对光照长度的反应也存在较大的差异。大量的研究表明，叶片是作物感受光周期的部位，芽则是发生光周期反应的部位。植物叶片接收到光周期刺激后会产生某种开花刺激物质，然后通过叶柄、茎再转运到生长点，促进花芽分化。

光质即光的组成，对作物的生长和发育都有一定的影响。太阳光中，被叶绿素吸收最多的是红光，同时作用也最大；黄光次之；蓝紫光的同化效率仅为红光的 14%。在太阳散射光中，红光和黄光占 50% ~ 60%；而在直射光中，红光和黄光只占 37%。因此，在弱光条件下，散射光对作物的生长更为有效，但由于散射光的强度较直射光低，其光合产物数量也相对较低。有些蔬菜产品器官的形成也与光质有关，例如，甘蓝的球茎在蓝光下容易形成和膨大，绿光反之；洋葱的鳞茎则在蓝光和近紫外光的作用下更易生成，红光反之。

1.1.1.3 水分

水是植物的主要组成部分，能够保证植物新陈代谢的顺利进行；水也是光合作用的原料，是植物体内各种物质进行运输的载体。作物细胞内含有大量的水分，从而可以保持细胞的膨胀度，使得植物枝叶挺立，并维持其体温的相对稳定。

根据对空气湿度的要求，可将蔬菜分为 4 类：①喜湿润性蔬菜。如白菜类、绿叶蔬菜等，适宜的空气湿度为 85% ~ 90%。②喜半湿润蔬菜。如马铃薯、黄瓜等，适宜的空气湿度为 70% ~ 80%。③喜半干燥性蔬菜。如茄果类、豆类等，适宜的空气湿度为 55% ~ 65%。④喜干燥性蔬菜。如南瓜等，适宜的空气湿度为 45% ~ 55%。

蔬菜不同生育期对土壤水分的需求不同：种子发芽期需要充足的水分，以供种子吸水膨胀，促进萌发和出土。幼苗期叶面积小、蒸腾量也小、需水量不多，但根系分布浅，且表层土壤波动较大，易受干旱的影响。营养生长旺盛和养分积累期是根、茎、叶等同化器官和产品器官旺盛生长的时期，也是一生中需水最多的时期。开花结果期对水分要求严格，水分过多，易使茎叶徒长而引起落花落果；水分过少，植物体内水分重新分配，水分由吸水力弱的器官大量流入吸水力强的叶子，也会导致落花落果。以结球白菜为例，其幼苗期因气温和地表温度较高，要求土壤相对含水率在 90% 以上，以降低地温，莲座期要求 80%，而结球期则以 60% ~ 80% 为宜；而对于莴苣来说，幼苗期需供水均匀，防止幼苗老化或徒长，莲座期则应适当控制水分，促进功能叶生长，而结球期水分需要充足，此期缺水将导致叶球较小，或嫩茎瘦弱，产量较低，且味道苦涩。

1.1.1.4　空气成分

CO_2 是光合作用制造碳水化合物的主要原料，对作物生长具有重要作用。在作物生长旺期，植株封行，植株间空气流通缓慢，会出现 CO_2 的供给速度满足不了光合作用的需要，影响中下部叶片的光合作用。在栽培上，应当注意改善通风条件，加速空气流动，及时补充 CO_2。通常认为土壤中氧气浓度波动范围较大，能够对作物产生不同的影响。比如，种子发芽时需要充足的氧气，在播种时要求土壤疏松。另外，土壤中多种有益微生物是好氧性的，充足的氧气供应有益于微生物活动旺盛，使得有机物质被彻底分解，形成大量速效氮养分，供植物吸收利用。

空气中以及根际之间存在着一定数量的有害气体，如氨气、二氧化硫、二氧化氮等，这些有害气体主要通过气孔或根部进入蔬菜体内。其危害程度主要由两方面决定：一方面主要取决于其浓度，另一方面则与植物本身的表面保护组织以及气孔开张的程度、原生质的抵抗力等有关。

1.1.2　设施农业气象灾害

1.1.2.1　低温

从气候学分析，我国每年出现寒潮的平均次数约为 6 次，但是各年差异很大。影响我国的寒潮主要出现在 11 月至翌年 4 月，这段时期正值北方日光温室生长的旺季，所以必须监测此期间寒潮动向，才能更好地保护温室生产顺利运行，使其免遭低温之灾。5 月和 9 月是北方冷棚生产的关键时段，也会有寒潮导致低温。

低温对设施作物生长发育的危害主要有冷害和冻害两种。冷害是指 0 ℃以上低温对作物的伤害。在我国，低温冷害是影响农业生产持续稳定发展的重要灾害之一，具有大尺度性、综合性及地区差异性等特点。春季冷空气入侵南下，长江流域及以南地区常出现持续低温阴雨；夏季低温主要发生在东北；秋季通常表现为东亚大槽深厚、副热带高压减弱，易造成低温天气。不同设施作物对低温的适应能力不同，一般来说，叶菜类蔬菜对低温的耐受力较强，在接近 0 ℃条件下仍能成活，如十字花科、菊科等，而喜温蔬菜如黄瓜、番茄等抗低温性较差，在低于 10 ℃的温度下就有可能受害。低温造成设施作物冷害的途径主要有 3 种：一是低温影响植物呼吸作用；二是低温影响植株某些物质的分解与合成；三是低温影响光合作用，通过低温抑制叶绿素的形成，从而降低光合作用强度，引起幼嫩叶缺绿甚至白化、植株矮小、产量降低。当然，设施作物在遭受冷害时，因种类不同，其形状表现也不尽相同。以番茄为例，秋季在生育后期遭遇冷害，主要表现为青果满枝，不能长大和转色；而黄瓜则表现为叶身较长、叶肉褪绿变黄等。

冻害是指 0 ℃ 以下的低温对植物的伤害。冻害的发生程度取决于降温的幅度、持续时间的长短、霜冻来临和解冻的快慢以及作物的耐寒性等。设施作物冻害产生的生理原因主要有两种：一种是细胞内部结冰，直接破坏原生质的结构，使得细胞死亡；另一种为细胞间隙结冰，造成原生质脱水，产生机械挤压，从而发生不可逆的变性凝固，导致细胞死亡。通常，持续低温下，设施作物生长势弱，生长会延缓或停止，病害加重。其中叶菜、根菜、茎菜类蔬菜产量降低，茄果类蔬菜主要表现为开花、坐果期易发生落花落果、坐果减少，畸形果率升高。冻害严重时植株生长点或心叶呈水浸状溃疡或变色干枯、顶芽冻死、受冻叶片发黄或发白甚至干枯、根系生长停止。

发生寒潮降温天气时，常常需要采取增温措施。例如，辽宁省喀左县农用设施采用的保温板调节地温措施，被证实是一种简易有效的增温措施。通过对比试验发现，在离大棚前沿 30 cm 的位置埋设保温板（保温板材料为苯板），分别埋设 30 cm 深、50 cm 深和不埋设进行对照观测。观测表明，埋设 30 cm 深保温板，地温比对照高 0.5 ℃，埋设 50 cm 深保温板地温比对照高 1.1 ℃，增温效果显著。另一种比较常用的临时增温措施是电加热，用电暖风机或电热线直接加热空气或苗床，或将电热线埋在地下提高地温。这种方式预热时间短、自动控制较容易、使用简便，但价格比较高，且停机后缺乏保温性，因此只适用于小型育苗温室、土壤加热辅助采暖、日光温室的辅助加热，作为一种临时加温措施短期使用。

1.1.2.2　大风

设施农业生产过程中经常会遭受各类气象灾害，其中风灾破坏力极强，如不提前采取措施，会给设施农业生产带来巨大的经济损失，特别是老旧的日光温室、结构简易的塑料拱棚受灾尤其严重。大风揭开覆盖物后，出现薄膜鼓起、落下和上下摔打等现象，久而久之薄膜破损，蔬菜遭受冻害。也会使前屋面外露，加速了前屋面的散热，使蔬菜遭受冻害。大风常将竹木结构的老旧拱棚夷为平地，建造标准较低的钢筋铁管拱棚扭曲变形，地锚松动乃至拔出，棚膜被掀开、刮飞。同时，风灾还会使一些新建钢架拱棚因缓冲力差而出现不同程度的棚体倾斜、棚膜破损。一旦设施棚室破坏，极易使作物表面出现孔洞、破损等，破坏果实的外观和商品性，有时还会给作物带来冻害。春季大风还会伴有沙尘天气，在膜面上落满沙尘，使日照透过率降低。

近年来，有关研究人员通过应用 10 min 平均最大风速资料，采用极值 I 型分布函数计算不同重现期的风速极值和风压，得出受大风危害的临界风压和风速指标，确定了温室大棚掀棚风压和风速指标。将依天气形势预测的大风与这些指标相结合，可给出较切合实际的发布防御大风应急警报，结合短时预报，及时采取掩盖塑膜或加固棚体措施，可以收到较好的效果。东北地区日光温室大风掀棚临界指标见表 1.1。

表 1.1　东北地区日光温室大风掀棚临界指标

分区	风压 / (kN/m²)	风速 / (m/s)
低值区	0.15	17
次低值区	0.25	22
次高值区	0.35	26
高值区	0.45	30

1.1.2.3 暴雪

暴雪是影响设施农业的主要气象灾害之一，尤其是对于简易型设施大棚，仅具有简单的防雨保温功能，暴雪会对作物产量和品质造成严重影响。当出现暴雪时，外界气温急剧下降，白天不能揭起草帘等覆盖物。如果雪量大、降雪时间长，会降低棚内温度和透光性，造成低温寡照的弱光环境，影响作物光合作用而导致叶片黄化、生长发育速度减缓、落花落果等现象，影响作物产量和效益。另一方面，温棚设施的负载强度是一定的，暴雪伴着大风，强劲的风把雪吹到棚顶，堆积到一定程度，增加棚架压力，超过大棚负载就会压塌温棚设施，使作物遭受冻害。

（1）雪灾分级方法。按 2 h 降水量（单位 mm）加以划分，给出等级。

（2）雪灾分级标准。如表 1.2 所示。

表 1.2　雪灾分级标准及除雪措施

等级	降水量 /mm	宜用除雪措施适用对象
轻度雪灾	5.0~7.4	老式棚除雪
中度雪灾	7.5~9.9	竹木结构除雪

续表

等级	降水量 /mm	宜用除雪措施适用对象
重度雪灾	10.0~19.9	钢骨结构应除雪
特大雪灾	≥ 20.0	所有棚都应及时除雪

应对措施：①下雪前加固温室大棚骨架。②下雪时做好保温工作，提前准备好草苫等保温遮盖物品以及火炉等辅助性加温设备。③雪后及时清除积雪，尤其注意加强夜间除雪工作。

1.1.2.4 高温

高温会影响设施作物的生长。当温度超过设施作物能够忍受的最高温度时，将会发生高温障碍。引起高温障碍的主要原因：一是高温改变设施作物原生质的理化特性，使得生物胶体的分散性下降；二是高温导致细胞结构破坏，使得细胞核膨大、松散、崩裂；三是高温使得呼吸强度增加，净光合速率下降；四是高温能影响光合作用，光合作用受到抑制，叶绿素受到破坏。高温对植物的外观形态及生长发育的影响往往比较直观。通常，高温使幼苗徒长，植株长势变弱，花期缩短，花器发育不良，中、短花柱比例增加，花粉生活力下降，授粉、受精不正常，产生落花、落果，果实木栓化加重或形成畸形果。目前，设施作物的外观形态已经成为鉴定其耐热性的重要指标。例如在高温条件下，番茄的坐果率和产量相对较低。对照棚内作物指标，如温度超出作物正常生长指标，则发布高温预警。下面以黄瓜为例说明应对高温灾害的措施。

黄瓜进行光合作用时的适宜温度是 25 ~ 32 ℃。温度达到 32 ℃时，黄瓜呼吸量增加，净同化率下降；35 ℃以上时呼吸作用消耗高于光合产量；40 ℃以上光合作用急剧衰退，代谢机能受阻；45 ℃以下 3 h 叶色变淡，雄花落蕾或不能开花，花粉发芽力低下，导致畸形果发生；50 ℃以下 1 h 呼吸完全停止。

黄瓜对地温的要求也比较严格。在不同生育期，有不同的地温指标。在发芽期，如果土壤温度 > 35 ℃，则发芽率显著降低；在根的伸长期，根毛发生的最高温度为 38 ℃。

为应对高温灾害，在对温室黄瓜实施变温管理时，应针对其所处的发育期进行。在生育后期和晴天条件下，宜密切注意上限温度管理。在利用原有常规调控技术（如开通风窗等）的同时，许多先进的温室工程技术也被应用，并逐步推广。一般地说，降温措施可以从以下 3 个方面着手：第一，减少进入日光温室的太阳辐射能，作为一级生态动力源的太阳辐射，在温室内温度有可能过高时，提供太多反而不利；第二，增大温室潜热消耗，其物理意义是，在进入的热量不变的前提下，消耗的热量越多，则剩余热量就越少，则室内温度越低；第三，增大温室的通风换气量。

因此采用具体措施一般有遮阳网覆盖、帘风机降温、喷雾降温等，也可以应用环流风机改善温室的通风透气性。

1.1.2.5 暴雨

暴雨可能导致日光温室和冷棚受灾。进入汛期后，温室要做好防雨、防洪涝准备，并结合当地实际，采取 4 项措施：一是温室撤膜时间尽量晚些，以防因暴雨来得急、雨水进入棚室内。二是后墙宜用大幅塑料予以遮护，以防雨水渗入室内，或由此导致墙体倒塌。三是做好排水工程、设备与人力的准备工作，在雨季来临之前，及时控好排水沟，使棚前无积水。四是在棚边沿地面及进出口处备好沙袋并及时筑坝，以防外面雨水猛灌至棚内。

1.1.2.6 寡照

光照是设施作物进行光合作用不可缺少的条件之一。较长时间的低温寡照，使得棚内不能得到有效的热量补给，设施作物正常生长所需的光温条件得不到满足，导致生理突变，在育苗期出现沤籽、烂根、苗弱，在坐果、坐瓜期则主要影响花器官的正常发育，使得花粉质量降低，不能正常受精授粉。山东、天津、河北生产的棚膜，透光率较高，较好地起到增加棚内太阳辐射量、提高棚内气温、降低棚内湿度的作用。

1.1.3 设施农业气象服务主要内容

1.1.3.1 农用天气预报

研究温室内外气象要素的变化规律，是指导生产者采取正确的调控措施、优化温室管理、促进作物优质高产的有效途径。设施农业农用天气预报包括设施内的温度预报、相对湿度预报、棚内日照时数预报、CO_2 浓度预报等。

进行温室气象条件预报首先要建立设施农业小气候模拟模型，除了与温室种类有关外，还与地温情况、天气类型等因素有密切关系，其中不同天气状况所决定的太阳光照强度是造成温室热量条件差异的最关键因素。常用的建模方法有逐步回归模型、人工神经网络模型和能量平衡模型等。

1.1.3.2 设施作物致灾气象服务

分作物建立设施作物大棚气温、地温、空气湿度、土壤湿度、光合有效辐射、CO_2浓度等要素的自动监测系统，开展设施作物精细化小气候监测。基于设施作物小气候监测数据，建立基于统计模型的设施作物内最高、最低气温和地温的预测模型，通过预测模型，结合设施作物的气象灾害指标，分析不同气象灾害如大风、大雪等气象灾害对设施的影响，得出设施气象灾害等级指标，开展设施作物气象灾害预警。

结合短、中期天气预报、天气实况资料、土壤墒情及作物的生长发育等情况来判断是否致灾，开展设施作物致灾气象服务，以此提高农业气象服务的针对性和预报产品的时效性，最终达到设施作物产业减灾增效的目的。将已确定的灾害指标按照不同设施作物和不同服务期进行分类并保存为灾害指标数据库，灾害指标数据库主要包括不同生长发育阶段、服务时段的最高温度、最低温度、最大湿度、最小湿度、适宜温度、适宜湿度、致灾因子、临界条件、生产建议、防范措施。根据设施作物生产各个阶段，发布设施作物致灾气象服务产品。研究设施作物主要病虫害发生和流行与温室环境条件的关系，对其进行预测，可为及时采取防治措施及优化喷药时间与喷药量提供科学依据。

1.1.3.3 棚内蔬菜生长期及产量预报

作物在不同发育阶段的指标，一般是在具体的温室大棚内进行平行观测（一面观察气象要素值，一面观测作物发育期，两者同时进行）并对结果做对比分析而得出来的，不同温室的结果一般不完全相同，但总体一致。设施作物生长模拟模型可以根据温室内的太阳辐射、气温及品种特性预测作物发育速率和生育时期、光合作用、干物质积累及产量。

棚内蔬菜生长期预报。在根据设施作物发育的光温反应进行发育阶段预测时，可以选用不同的发育尺度，比如作物光合有效辐射、积温、生长度日、生理发育时间、累计光温效应、生理辐热积等。

棚内作物产量预报。设施作物的产量预报方法有很多种，比如气象学方法是建立气象条件与气象产量的统计模型；农业生物学方法是以田间样本调查的手段根据单位面积株数和有效穗数、千粒重等产量构成要素估算单位面积产量；作物生长动力模型方法是以动力学方法模拟作物的能量和物质转化过程，建立作物生长的动力学模型等。

事实上，不仅作物发育指标与气象要素应联合起来加以考虑，在作物发育指标内部和气象要素内部，各项关联也是不应忽视的。如某种作物初花和盛花之间在生物意义上有联系，气象要素中，光照、温度、湿度之间在物理意义上也有联系。

1.1.3.4 温室小气候分析与评价服务

温室内作物小气候评价可参照农业气候评价方法进行。可以通过对各类气象要素和设施作物生长情况的实时平行监测来采集资料，确定温室内不同气象条件对设施作物生长发育和产量、品质的影响，找出最佳的栽培技术措施和最适宜的作物生长环境，分析温室内的气象条件特点、农业气象灾害情况等，并给出其对农业产量、效益影响定向或定量的评价。

合理规划生产布局，联合相关部门开展气候资源系统评价，结合作物生物学特性，根据农业生态气候适宜度理论，充分考虑温度、光照、水分气象要素，对全年各月设施作物生长气象条件适宜度进行评价。对比分析高低海拔地区热量条件的差异，提出有利的反季节蔬菜栽培时段。不同地区，根据当地的气候资源，确定不同蔬菜的种植季节和品种，从而带动农业产业创新项目发展。

1.1.3.5 棚室设施气象调控技术

（1）棚内增温控制技术。一是热风采暖，可以采用热风炉直接加热空气，或者利用蒸汽热交换加热空气。二是热水采暖，通过热水的循环流动来保温。三是土壤加温，在土壤中埋设专用的电热线或者埋设塑料管道以温水循环加热。

（2）棚内降温控制技术。一是遮阳降温，采用不透光或透光率低的材料遮住阳光以阻止部分太阳辐射进入温室。二是通风降温，在春、秋季通过开启天窗、侧窗进行自然通风或采用排气扇强制通风。三是蒸发降温，采用湿帘风机、喷洒细雾等方式吸收空气中的热量。四是地冷降温，在地下一定深度埋入空气换热管道，将空气放热冷却后送入温室内，或者建造地下水池，抽出地下冷水与温室内空气换热。

（3）垄鑫高温闷棚（防病害）技术。有试验结果表明，经过垄鑫高温闷棚处理后，棚内作物不但长势强壮、健康，抗病能力强，而且土壤中的各种线虫、土传病菌、地下害虫、杂草种子等被有效杀灭，消毒、增产、防病虫害的效果非常明显。用垄鑫土壤消毒剂处理日光温室，对防治茄子枯、黄萎病效果显著。从生理性状调查看，能明显增加青椒的叶面积，增加叶片鲜重和干重，增加干物质效果显著，青椒增产 30.6%，茄子增产 18.6%。

（4）秸秆生物降解提高地温技术。秸秆生物降解作用，可促进作物光合作用，同时也可改良土壤，还可以提高地温。该项技术的应用起到了增加产量和提高作物质量的作用。秸秆生物反应堆技术是利用作物秸秆做原料，拌上特制的菌种，使秸秆快速分解放出大量 CO_2、热量、抗病微生物孢子，从而使农作物，特别是大棚瓜果菜大幅度提高产量、改善品质，提高经济效益。

（5）反光幕效应观测技术。在现代日光温室内张挂反光幕有明显生物物理意义。它是利用几何光学中的光反射原理，通过被照明的镜面使反射光对弱光区光强提高的一种做法。有试验结果显示，增设反光幕对改善温室内小气候环境的效果明显，5~20 cm 地温比对照高 0.3~0.5 ℃，地面光照度比对照高出1461 lx，植株顶部光照度比对照高出 1756 lx。

（6）防寒裙增温技术。一般来说，用防寒裙可提高气温 1.2 ℃，使5~20 cm 地温提高 0.4~0.6 ℃，解决了多年困扰日光温室棚户菜农的室内前沿部位地温偏低这一实际问题。

（7）合理滴灌技术。利用中期天气预报指导棚户在合理的时间内采用滴灌技术，防止漫灌施行，并且采用烟剂、粉剂防病治虫，从而使棚内相对湿度降低，兼顾温度湿度二者合理调控，使生态条件利于蔬菜而同时对病虫害起到抑制作用。

1.1.3.6 气象为温室建筑设计服务

温室建设有着很强的地域适应性，在很大程度上受到当地气候条件的制约。气象要素可为温室的设计、建筑、用材提供参数，比如通风采光、采暖设计、风雪荷载、降雨强度及排水能力等，它们是影响温室建筑安全性与经济适用性的重要因素。在掌握当地气温变化过程的基础上，需要考虑对冬季可能需要的加温以及夏季需要的降温进行能源消耗估算，寒流等强降温天气易发地应考虑增加辅助加温设备，以防作物遭受冻害。光照强度和光照时数影响温室内的温度状况及作物的光合作用，温室建设应考虑选择在通风、采光较为良好的区域。选址时也必须考虑到风速风向以及风带的分布，寒冷地区的温室大棚应选择背风向阳的地带建造，避免在强风地带建造温室等。

1.2 设施农业气象服务实例：辽宁喀左大风掀棚气象服务

1.2.1 案例来源

2017 年 10 月 5 日辽宁喀左大风掀棚气象服务过程。

1.2.2 方式方法

按照从省级预警到市级预警，再到县级预警的指导流程开展服务工作。以大风预警信号发布标准和大风灾害防御技术建议为主要依据进行设施农业风灾的气象服务。

1.2.2.1 服务流程

辽宁省气象台根据天气形势演变制作未来 3 d 全省天气预报，若有大风天气过程，预报内容应包含大风起止时间、落区和强度预报。

辽宁省气象灾害监测预警中心根据短临天气诊断和实况监测结果，若分析24 h 内有大风天气，则根据大风预警信号发布标准制作大风预警产品，包括大风发生的时间、地点和强度。同时制作专门针对设施农业的设施农业气象灾害风险预警信息，包括大风时间、地点、强度和简要的防御指南。

市级气象台在接到省级大风预警信号后，若灾害范围涉及本市辖区，及时分发给对应的县级气象局。

县级气象局收到市级气象台转发的大风预警信息后，快速通过手机短信、微信等方式，发送给政府、村镇联系人等相关人员，同时通过大喇叭对外广播大风预警信息内容，并附带大风掀棚注意事项及防御指南。

如果大风实况超过 8 级，县级气象服务人员应到大棚集中区域调查回访，若有灾情发生，现场进行询问、记录、拍照，包括灾害发生过程、经济损失情况、事后处理程序等。若达到灾情上报条件，应与当地民政部门确定后，统一口径从灾情直报系统进行上报，并开展事后灾情评估。

如果大风过程为区域性（7 个地市以上），省级气象部门留存气象资料、灾情资料，并进行灾害性天气分析和总结。市县气象部门做好灾害性天气个例服务记录。

1.2.2.2 大风预警信号发布标准

大风（除台风、雷雨大风外）预警信号分为 4 级，分别以蓝色、黄色、橙色、红色表示。

大风蓝色预警信号。含义为 24 h 内可能受大风影响，平均风力可达 6 级以上，或阵风 7 级以上；或者已经受大风影响，平均风力为 6~7 级，或阵风7~8 级并可能持续。防御指南：做好防风准备；注意有关媒体报道的大风最新消息和有关防风通知；把门窗、围板、棚架、临时搭建物等易被风吹动的搭建物固紧，妥善安置易受大风影响的室外物品。

大风黄色预警信号。含义为12 h内可能受大风影响，平均风力可达8级以上，或阵风9级以上；或者已经受大风影响，平均风力为8~9级，或阵风9~10级并可能持续。防御指南：进入防风状态，建议幼儿园、托儿所停课；关紧门窗，危险地带和危房居民以及船舶应到避风场所避风，通知高空、水上等户外作业人员停止作业；切断霓虹灯招牌及危险的室外电源；停止露天集体活动，立即疏散人员；其他同大风蓝色预警信号。

大风橙色预警信号。含义为6 h内可能受大风影响，平均风力可达10级以上，或阵风11级以上；或者已经受大风影响，平均风力为10~11级，或阵风11~12级并可能持续。防御指南：进入紧急防风状态，建议中小学停课；居民切勿随意外出，确保老人小孩留在家中最安全的地方；相关应急处置部门和抢险单位加强值班，密切监视灾情，落实应对措施；加固港口设施，防止船只走锚和碰撞；其他同大风黄色预警信号。

大风红色预警信号。含义为6 h内可能出现平均风力达12级以上的大风，或者已经出现平均风力达12级以上的大风并可能持续。防御指南：进入特别紧急防风状态，建议停业、停课（除特殊行业）；人员应尽可能待在防风安全的地方，相关应急处置部门和抢险单位随时准备启动抢险应急方案；其他同大风橙色预警信号。

1.2.2.3 大风灾害设施农业防御技术建议

正确选址，合理布局。日光温室建筑场地的选择与风强有很大的关系，因此在建造日光温室时要慎重选择场地，一般应选择地势平坦、四周空旷的地方建造，尽量避开风口位置。

注重设计，严把质量。日光温室宽长比、跨度、高度及温室群的排列形式都与抗风性能息息相关，在不影响生产的前提下，应尽可能降低日光温室宽长比、跨度和高度，日光温室宽长比、跨度和高度任何一项偏高，都会导致日光温室抗风能力降低。日光温室群尽量以交错形式排列避免或减少形成风的通道，降低大风流速。建造施工一定要与设计要求相吻合，严格按照温室长度与宽度及所应承受压力、拉力，选择建筑材料，千万不能为降低建造成本而选用不能承受所应承受压力的材料。在施工过程中，要使整个温室骨架稳定、基础牢固、室内立柱稳定牢实，保证抗风抗压性能。

及时维护，加强管理。在大风易发季节，检查棚膜是否有损坏，及时修补破损，同时检查和加固压膜线。当大风来临前，室内加立顶柱，提高抗风抗压能力；及时关闭温室放风口，防止大风进入温室，造成棚膜损坏，加密斜拉几道压膜线，拉紧固定，以防大风使棚膜闪动造成破坏，并把草苫底端用石块等重物压牢，保证草苫紧贴在棚膜上，以防侧风把草苫吹起掀翻。

及时预报，提前防范。气象部门及时发布大风天气预报预警，并通过电视、报纸、互联网、大喇叭、短信等方式传播给农民，当地农民注意收听收看大风天气预报预警信息，做到及时防范。

每年春季（4—5月）、秋季（9—10月）是辽宁省大风多发季节，此期间应多关注天气形势变化，预测大风天气的发生，提前做好服务准备。根据相关研究，东北地区大风掀棚临界指标见表1.3，地区分布见图1.1。地方服务标准如喀左测得大风掀棚风灾的风速分级标准见表1.4。

表1.3　大风掀棚临界指标

类型	风速/（m/s）	地区代码	分布地区
日光温室	17	I	辽宁西部和东部山区、吉林东部山区
	22	II	辽宁大部、吉林大部和黑龙江大部
	26	III	辽河平原、黑龙江西部和三江平原
	30	IV	三江平原部分地区
塑料大棚	14	I	辽宁西部和东部山区、吉林东部山区、黑龙江北部山区
	17	II	辽宁大部、吉林大部和黑龙江大部
	20	III	辽河平原、三江平原部分地区
	22	IV	辽南沿海

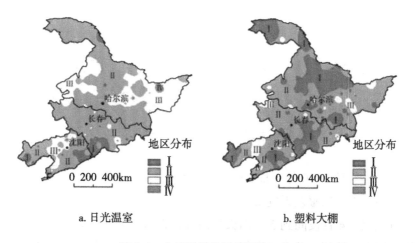

a. 日光温室　　　　　　　　　　b. 塑料大棚

图1.1　大风掀棚临界指标地区分布

表 1.4 喀左测得大风掀棚风灾的风速分级标准   m/s

等级	瞬时风速	最大风速	极大风速
棚膜被风鼓起	10.8~14.8	9.4~10.0	16.8~18.9
棚膜被风撕开	11.8~13.9	9.7~10.0	18.5~21.1
棉被被风鼓起	10.0	9.8	10.2
棚膜被风掀开	11.8~16.7	10.2~11.7	19.3~23.8
棉被被撕破刮掉	11.8~13.9	10.9~12.8	19.0~19.8

1.2.3 服务实例

2017 年 10 月 4 日天气形势分析：辽宁省气象台根据当天地面天气形势分析，10 月 5 日白天辽宁处于东高西低形势场，蒙古气旋东移，气压梯度增大，辽宁大部地区有 6 级以上大风天气。进行全省天气会商，重点分析大风天气，并在傍晚发出大风预报（图 1.2）。

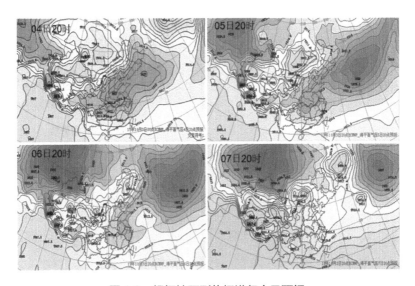

图 1.2 根据地面形势场进行大风预报

沈阳中心气象台 10 月 5 日 17 时发布大风预报、森林火险气象等级预报，全省和沈阳市天气预报及天气实况。

大风预报：4 日夜间到 5 日白天渤海北部西南风 6 级，阵风 7 级。5 日白天沈阳、鞍山、锦州、营口、阜新、辽阳、铁岭、朝阳、盘锦、葫芦岛地区及抚顺市区西南风 6 级，阵风 7 级。

全省天气预报：4 日夜间到 5 日白天全省晴，最低气温抚顺、本溪、丹东、朝阳地区 1 ~ 5 ℃，沈阳、锦州、阜新、辽阳、铁岭、葫芦岛地区 6 ~ 10 ℃，大连、鞍山、营口、盘锦地区 11 ~ 14 ℃。5 日夜间到 6 日白天全省晴有时多云。6 日夜间到 7 日白天鞍山地区多云转小雨，其他地区晴转多云。

海上风预报：4 日夜间到 5 日白天渤海中部、渤海海峡偏南风 5 级，黄海北部东北风转东南风 5 级。

森林火险气象等级预报：辽东地区 4 级，容易燃烧；辽南地区 4 级，容易燃烧；辽北地区 4 级，容易燃烧；辽西地区 4 级，容易燃烧；辽中地区 4 级，容易燃烧。

针对大风灾害风险预警市县气象局联动，喀左县气象局在 2017 年 10 月 4 日收到朝阳市气象台的大风预报指导产品后，已经在当日傍晚广播了大风预报消息（10 月 5 日 05 时 45 分，朝阳市气象台收到省级大风预警信息，判断大风时间和地点后，立即将预警信息转发给喀左县气象局）。

喀左县气象局在 2017 年 10 月 5 日 06 时，给县政府、村镇联络员等相关责任人发送大风灾害风险预警消息，同时在各村大喇叭播报大风预警消息，提醒设施农业农户做好防风工作，注意检查日光温室、大棚的地锚、压膜线是否牢固，将棚膜底角用土压实、压严，防止撕裂；注意合好封口，不留缝隙。

当日天气实况：2017 年 10 月 5 日 12 时出现 6 级强风。此次过程没有出现重大灾情。

2 畜牧业气象服务

　　畜牧气象是农业气象的重要分支之一，也是发展畜牧生产的重要科学保证。研究畜牧与气象的目的是为了减少气象灾害，改善畜禽小气候环境，以增强牲畜体质、预防畜禽疾病、提高生产性能和畜牧业的经济效益。

　　我国畜牧业生产布局分为牧区、农区和半农半牧区。牧区畜牧业是以草原为基础的畜牧业，根据草原生态保护的需要，适当增加了舍饲、半舍饲的养殖方式，主要分布在内蒙古、新疆、青海、西藏、四川西部、甘肃南部、祁连山区、宁夏中部及东北西部。农区畜牧业是我国畜牧业的主体，生产方式以舍饲为主，抗灾能力主要与畜舍条件和管理水平有关，主要集中在东北、华北、长江中下游平原及四川盆地，是中国畜产品的主要产地。半农半牧畜牧业生产方式主要是舍饲和季节性放牧相结合，灾害重于农区畜牧业，轻于牧区畜牧业。

　　畜牧业生产与气象条件有密切的关系，尤其是牧区畜牧业对天气、气候条件的依赖性较强，气象灾害对畜牧业生产造成的危害较为严重。畜牧气象服务就是运用畜牧业气象理论、气象服务技术和方法，为畜牧业生产趋利避害。气象条件对畜禽生育、引种、疾病防治、放牧和舍饲、牧草生长以及畜禽产品的储藏、运输、保鲜等均有影响。

2.1 畜牧业气象服务概述

2.1.1 畜牧业生产与气象条件的关系

2.1.1.1 畜禽育种、引种与气象

　　畜禽数量性状的表现型值是由基因值和环境效应决定的。畜禽良种是在一定的环境条件下经过长期自然选择和人工培育而形成的，也只有在适宜的环境气候条件下才能发挥其良种优势。从不同地区引进优良的畜禽、牧草和饲料作

物品种时，要了解其生物学特性，分析原产地与引入地区的主要环境气候差异。如用月平均气温为纵轴，月平均相对湿度为横轴，将各点连接绘制成气候图的方法，定量比较主要气象要素的异同来决定可否引进。引种时，要选用适应性强、可塑性较大的幼畜，通过相似气候的风土驯化，相应季节的气候调节或人工气候室训练，才能减少盲目性，提高引种成功率。我国北部地区从加拿大、美国西北部、俄罗斯和日本的北海道等地区引种成功率较高。温带地区的畜禽引入较寒冷地区宜在夏季进行；寒冷地区的畜禽引入温暖地区则应在冬季进行，使其有一个逐渐适应新环境气候条件的过程。牧草引种也要特别注意越冬和越夏问题。

2.1.1.2 饲料牧草与气象

牧草和饲料作物的分布、生长状况、产量高低、质量优劣及载畜量多少，均受气象条件的影响，草原类型是由气候条件决定的。我国草原分布总的趋势是由东部的森林草原、湿润草原逐渐向西过渡到干旱草原和荒漠、半荒漠草原。东北、西北地区枯草期达7个月左右，长于青草期。

牧草的生长发育和产量形成需要温度、水分和光照等气象因子。天然草原的产量主要受降水量的影响，同一地区干旱年与雨水丰沛年产草量有显著差异。冬季积雪覆盖还可提高地温，防止牧草受冻。此外，牧草产量随季节而变化，秋季牧草产量达到高峰，夏季、冬季、春季分别为秋季产草量的80%~90%、45%~55%和40%~45%。因此，放牧牲畜的膘情有"夏壮、秋膘、冬瘦、春死"的周期性变化规律。根据这一规律，人们采用提前产羔，变春羔为冬羔或早春羔，加速肥育，冬前屠宰或到农区避冬等措施提高生产性能。此外，也可以采取人工播种、水灌、施肥、轮牧等措施加强草原建设，逐渐把天然牧草改造为人工牧草。结合牧草情况，在不同的季节有不同的放牧方法，"夏放河、冬放坡""夏天放两头（早出早归、晚出晚归）""冬天放中间（晚出早归）"等都是一些科学的饲养管理方式。

2.1.1.3 畜禽疾病与气象

畜禽病害起因较多，有的可能是病毒由风传播的，有的可能是寄生真菌引起的，也可能由于环境条件或营养不良造成的。其中，气象要素占较大比重。当环境条件变化超越了牲畜的生理反应范围时，就呈现病理反应，引起诱发性疾病。冬春冷空气活动频繁，容易诱发猪感冒、肠胃病和仔猪白痢。鸡、兔在温暖潮湿的梅雨季节易发生球虫病。畜禽的中暑、感冒、冻伤、蹄病、眼病、呼吸道病、皮肤病等则往往直接或间接地由气象因素的剧变引起的。在畜禽放牧时，注意舍内外温度的逐渐平衡，就能预防或减轻感冒的发生。因此，改善与控制畜禽生活的小气候条件，加强春秋季节动物疫病防治，创造有利于畜禽生长发育而不利于疫病发生的环境，做到"防重于治"是极为重要的。

2.1.1.4 畜产品的贮运保鲜与气象

畜产品的贮运保鲜与气象条件关系密切。种蛋保存的适宜温度为 8~15 ℃，超过或者低于这个温度，可使坏蛋率提升、孵化率降低、强雏少。填鸭、生猪等运输，与气候也有着密切的关系：夏季适宜早晚天气凉爽时运输，要降低运输密度，注意通风降温，防止闷热中暑，有太阳时加强遮阴；冬季宜在白天运输，注意防风保温。夏季也是鲜牛奶运输贮存的不利季节，温度、时间掌握不好就会使牛奶变酸变坏。2008 年 10 月国务院公布的《乳品质量安全监督管理条例》中的第十八条规定了生鲜乳应当冷藏，超过 2 h 未冷藏的生鲜乳不得销售。第二十五条规定贮存生鲜乳的容器应当符合国家有关卫生标准，在挤奶 2 h 内应当降温至 0~4 ℃。

2.1.1.5 畜禽圈舍环境与气象

近年来，工厂化舍饲发展迅速，人工控制畜舍气候条件的可能性已成为现实，尤其是计算机自控技术的发展。畜禽的生长发育直接受光照、温度、风速、湿度、雨量等气象因素的影响。

温度是影响家畜生长发育的主要气象因素之一。家畜体温调节的平衡既取决于环境温度，又取决于家畜的新陈代谢。因此，家畜、环境、饲养管理水平三者是相辅相成的。每种畜禽都有一个适宜的温度范围，温度过高或过低，对畜禽都不利。因此，必须创造适宜的小气候环境以适应畜禽的生长。温度对畜禽的产量、品质、健康状态、采食量和内分泌活动等都有影响。在环境温度高于或者低于适宜温度区的温度时，畜禽的矿物质代谢会受到影响。温度对哺乳动物的产奶量、繁殖、孵化率等也有直接影响。

畜禽对光照长度、光照强度的要求因其种类、年龄、季节的不同而不同。比如马、驴需要长日照，绵羊、山羊需要短日照。冬季增加光照可以弥补热量的不足。光照也影响畜禽的季节性繁殖，长光照可提早性成熟，短光照可推迟性成熟，促进换羽。适当的日晒有利于畜禽的新陈代谢，增加其肌肉力量和活动能力，提高畜禽的抗病能力，但强光也会对畜禽造成危害。肥育的猪、鸡对光照要求不高，黑暗在一定程度上使之减少活动，降低其能量消耗，有利于育肥。

风速可以影响畜禽与环境间的热交换和蒸发散热。夏季高温时，适当的风能促进食欲。低温时的风则会增加热量消耗。大风对畜禽都是不利的。台风前的闷热低气压可使畜禽精神不振、食欲下降。因此，在夏天须加强畜禽舍的通风换气；冬季必须加强棚圈保暖，防止冷风直吹畜体，减少冷害和冻害。3级以下微风环境利于放牧，大风天气则不利于牲畜放牧采食。此外，如若大风伴随雨雪天气，可形成风雨或风雪灾害，如果此时正值牲畜产褥期或剪毛期，风雪交加的天气对牲畜的影响更大。

畜禽对水分条件的要求主要体现在饮水和适宜的空气湿度上。畜禽适宜的空气相对湿度为45%~70%，低于30%或高于80%都是不利的。湿度影响体热的散发，炎热且湿度过大会造成畜体过热而中暑，寒冷且湿度大会使畜体加剧冻害。高湿还会增加疾病的发生，利于病菌（病毒）的繁殖生长；湿度太小、空气干燥也易引起尘土飞扬，导致呼吸道疾病，影响畜禽健康。因此，选择高燥场址，注意通风、透光、换气，保持清洁卫生，增加垫草和放置吸湿性的物质都是降湿的有效措施。

2.1.2 畜牧业气象灾害

白灾（雪灾），牧草生长季旱灾、黑灾、冷雨、大风、冰雹等气象灾害及鼠害、虫害、森林草原火灾等衍生气象灾害对畜牧业的影响包括两个方面：一是通过影响牧草和饲料生产，给畜牧业带来不利影响；二是直接影响畜禽生产或危害畜禽安全。

2.1.2.1 牧区雪灾

牧区雪灾也称草原白灾，主要指因暴风雪、持续大雪引起冬季牧区积雪过厚，致使草场长时间被掩埋，造成牲畜采食困难，冻饿掉膘而生病甚至死亡的现象。雪灾的危害程度不仅与降雪量、积雪深度、积雪密度和积雪持续时间有关，还与草场状况、牧业生产方式、饲草储备及饲补条件等抗灾能力有关。

雪灾等级的划分标准采用中华人民共和国牧区雪灾等级国家标准（GB/T 20482—2006），确定为轻灾、中灾、重灾、特大灾4级指标，具体各指标和受灾情况见表2.1。

表 2.1 牧区雪灾等级

雪灾等级	积雪状态			受灾情况
	积雪掩埋牧草程度 / (%)	积雪持续日数 /d	积雪面积比例 / (%)	
轻灾	30~40	≥ 10	≥ 20	影响牛的采食，对羊的影响不大，对马无影响，家畜死亡在 5 万头（只）以下
	41~50	≥ 7		
中灾	41~50	≥ 10	≥ 20	影响牛、羊采食，对马的影响不大，家畜死亡在 5 万~10 万头（只）
	51~70	≥ 7		
重灾	51~70	≥ 10	≥ 40	影响各类家畜的采食，牛、羊损失较大，家畜死亡在 10 万~20 万头（只）
	71~90	≥ 7		
特大灾	71~90	≥ 10	≥ 60	影响各类家畜的采食，如果防御不当将造成大批家畜死亡，家畜死亡在 20 万头（只）以上
	> 90	≥ 7		

注：积雪掩埋牧草程度指积雪深度与草群平均高度之比，积雪持续日数指地面积雪稳定维持的持续日数，积雪面积比例指某地积雪面积与实际草地面积之比。

雪灾牧用天气预报技术流程：①通过对地面监测的积雪深度进行统计，并确定各地区的积雪持续时间；根据测量的牧草高度，确定积雪掩埋牧草深度的百分比；利用 EOS/MODIS 卫星遥感监测积雪范围和面积，根据积雪等级划分标准，确定当前雪灾发生的等级。②依据气象台发布的降雪天气预报信息（包括降雪量和降雪落区），结合雪灾牧用天气预报发布条件，制作雪灾牧用天气预报。③在充分考虑畜牧业年景、过冬饲草储备、家畜膘情、饲草补饲量的基础上，分析本次降雪过程对畜牧业生产的影响利弊关系，针对预报结论，提出放牧饲养管理、畜舍保暖、饲草调运、补饲保膘、接羔保育、家畜转移、疫病防治等安全生产和防灾保畜生产建议。

2.1.2.2 牧区干旱和黑灾

牧区干旱指牧区长时间降水偏少，影响牧草生产而造成牧草长势差、产量低、质量下降，进而威胁牲畜生长的一种气象灾害。在年降水量小于 400 mm 的牧区，干旱发生频繁，尤以春旱、夏旱和春夏连旱 3 种类型的危害重。牧区干旱对畜牧业生产的影响包括：一方面影响牧草生产，进而饲草短缺会影响牲畜生产和生存；另一方面，干旱会加剧草场退化和草原沙漠化进程。

按草原干旱的危害程度，结合牧草生长季的实际，把干旱分为特旱、重旱、中旱、轻旱、无旱 5 个等级，不同草原区及不同的生育阶段划分标准不同。其中特旱是指水分亏缺特别严重，在返青期牧草因缺水不能返青，全生育期草地生物学产量不足正常年份的 40%；重旱是水分亏缺，草地生物学产量仅是正常年份的 40%~60%；中旱是因缺水草地生物学产量仅是正常年份的 60%~80%；轻旱是因缺水草地生物学产量仅是正常年份的 80%~90%；无旱是指自然降水基本或完全满足牧草生育所需，草地生物学产量基本正常或偏高。牧区草原干旱指标以降水距平指标（表 2.2）应用最广，土壤水分和牧草生理生态指标也有部分应用。由于单因子指标的局限性，综合指标的应用较多。中国气象局推出的《草原气象指标》行业标准中用相对蒸降差指标（表2.3）判别旱情。

表 2.2　不同生长季各干旱等级对应的草原降水距平百分率指标

生长季	等级	类型	降水距平百分率 / (%)				
			温性草甸草原	典型草原	荒漠草原	高寒草原	高寒草甸
春季	1	无旱	> 20	> 30	> 37	> −20	> −25
	2	轻旱	−10~20	0~30	20~37	−34~ −20	−44~ −25
	3	中旱	−40~ −11	−30~ −1	−10~19	−54~ −35	−55~ −45
	4	重旱	−70~ −41	−60~ −31	−30~ −11	−64~ −55	−75~ −56
	5	特旱	⩽ −71	⩽ −61	⩽ −31	⩽ −65	⩽ −76
夏季	1	无旱	> 10	> 10	> 10	> −19	> −20
	2	轻旱	−10~10	−10~10	−20~10	−34~ −20	−36~ −21
	3	中旱	−30~ −11	−30~ −11	−50~ −21	−49~ −35	−50~ −37
	4	重旱	−50~ −31	−50~ −31	−80~ −51	−59~ −50	−65~ −51
	5	特旱	⩽ −51	⩽ −51	⩽ −81	⩽ −60	⩽ −66
秋季	1	无旱	> 20	> 30	> 38	> −20	> −25
	2	轻旱	−10~20	0~30	20~38	−34~ −21	−44~ −26
	3	中旱	−40~ −11	−30~ −1	−10~19	−54~ −35	−55~ −45
	4	重旱	−70~ −41	−60~ −31	−30~ −11	−64~ −55	−75~ −56
	5	特旱	⩽ −71	⩽ −61	⩽ −31	⩽ −65	⩽ −76

表 2.3 不同生长季各干旱等级对应的草原相对蒸降差指标

生长季	等级	类型	相对蒸降差				
			温性草甸草原	典型草原	荒漠草原	高寒草原	高寒草甸
春季	1	无旱	< 0.9	< 0.6	< 0.6	< 1.3	< 1.5
	2	轻旱	0.9~1.0	0.6~1.0	0.6~0.9	1.4~1.6	1.6~1.8
	3	中旱	1.1~1.2	1.1~1.5	1.0~1.3	1.7~1.8	1.9~2.0
	4	重旱	1.3~1.4	1.6~1.7	1.4~1.7	1.9~2.0	2.1~2.4
	5	特旱	≥ 1.5	≥ 1.8	≥ 1.8	≥ 2.1	≥ 2.5
夏季	1	无旱	< 1.1	< 0.5	< 0.5	< 1.3	< 1.5
	2	轻旱	1.1~1.3	0.5~0.7	0.5~0.8	1.4~1.6	1.6~2.0
	3	中旱	1.4~1.6	0.8~1.2	0.9~1.2	1.7~1.9	2.1~2.3
	4	重旱	1.7~1.9	1.3~1.5	1.3~1.6	2.0~2.2	2.4~2.7
	5	特旱	≥ 2.0	≥ 1.6	≥ 1.7	≥ 2.3	≥ 2.8
秋季	1	无旱	< 0.9	< 0.6	< 1.0	< 1.3	< 1.5
	2	轻旱	0.9~1.0	0.6~1.0	1.0~1.4	1.4~1.6	1.6~1.8
	3	中旱	1.1~1.2	1.1~1.5	1.5~1.9	1.7~1.8	1.9~2.0
	4	重旱	1.3~1.4	1.6~1.7	2.0~2.5	1.9~2.0	2.1~2.4
	5	特旱	≥ 1.5	≥ 1.8	≥ 2.6	≥ 2.1	≥ 2.5

注：相对蒸降差指某年某时段内实际蒸散量与降水量的差值与历年同时段内实际蒸散量与降水量的差值之间的比值。

牧区干旱牧用天气预报发布条件：按照土壤墒情三级指标评估，当连续2个旬或2个以上旬出现三类墒情时（农田土壤相对湿度连续在45%~60%、草地土壤相对湿度连续在30%~50%），且未来10 d内天气预报的累计降水量不足10 mm，或即将出现的过程降水量不足5 mm，同时主要牧区的某一旗县70%以上草地面积发生重灾；或一个盟市50%以上草地面积发生中等灾害；或全区发生中等以上旱灾面积累计达到150000 km² 以上；或上述灾害状态继续加重、面积不断扩大（灾中跟踪监测、评估）时；或灾害发生面积、程度未达到以上标准，政府及有关部门有需求时，立即启动跟踪监测、评估业务，发布草地干旱决策气象服务产品。

牧区黑灾指草原冬季积雪过少或无积雪时，致使依靠积雪解决饮水的牲畜因长期缺乏饮水而造成损失的灾害，是牧区干旱的一种形式。黑灾不仅对越冬牲畜产生影响（如掉膘，体质瘦弱，易感疫病），还对牧草生长不利。积雪过少或无积雪时，土壤水分得不到融雪补给，使得多年生牧草返青和一年生牧草种子的萌发受到影响，严重时造成草荒。

黑灾多分布于内蒙古西部、宁夏及甘肃牧区和新疆南部牧区等。一般认为，牲畜 20 d 吃不上雪就会受影响，40 d 吃不上雪普遍掉膘，2 个月以上则出现牲畜瘦弱，极易发生疫病。轻黑灾、中黑灾、重黑灾 3 个等级对应的连续无积雪日数指标为 20～40 d、41～60 d 和 > 60 d。

2.1.2.3　冷雨湿雪

冷雨和湿雪是发生在春、秋冷暖交替季节伴有强烈降温和大风的降水天气。其中降的雨叫冷雨，降的雪或雨夹雪叫湿雪，主要发生在我国北部和西部牧区，其次是青藏高原中东部。它对牲畜的危害极大，表现为牲畜经受较长一段时间的雪渗雨淋后，污水透入牲畜毛层，使被毛失去保温作用；加之气温剧变和大风的影响，畜体消耗大量的热量，热量平衡和新陈代谢失调，体温下降，使畜体出现弓腰、颤抖、瘫痪等现象，造成牲畜冻伤和死亡，怀孕母畜流产。特别是春季剪毛后的羊只和老、弱、幼畜，由于其产热代谢率低，对于冷雨和湿雪的抵抗力较差，因此更容易引起感冒、下痢、肺炎等疾病，造成大量死亡。尤其对春末夏初因抓绒剪毛的家畜和幼畜影响更重。

在春末夏初（4—6 月）或秋末冬初（9—11 月），预计未来 24 h 内降水达到"小到中雨（或雨夹雪）"，降水量 > 5 mm，日平均降温 < 5 ℃，或 24 h 内降温 6 ℃以上、日平均风速 > 8 m/s 时，制作、发布冷雨湿雪牧用天气预报。夏季冷雨灾害的气象指标是日降水量 ≥ 18 mm，日降水时数 ≥ 15 h。

加强牧区棚圈建设是预防冷雨湿雪的基础，在出现冷雨湿雪时放牧家畜可以提前归牧、弃放牧为舍饲补饲躲避不利天气，以预防抓绒剪毛的家畜和幼畜体温下降，引起疾病发生或出现冻伤、冻死，秋末冬初出现母畜流产事件。

2.1.2.4　暴风雪（白毛风）

暴风雪指伴有大风和降温的降雪天气过程。在冬春季节未来 24 h 内，当出现 5 级以上大风、瞬时风速 ≥ 11 m/s，并伴随小雪以上降雪天气过程，则制作、发布暴风雪牧用天气预报。暴风雪常伴有强降温过程，使得越冬牧草受害，牲畜受冻掉膘。如若在放牧过程中发生暴风雪，常造成牲畜惊恐炸群，畜群混乱，导致牲畜死伤。若家畜活动在井、坑、湖泊、水泡、雪洼、沟壑地带时，易造成家畜被陷入雪中或被积雪掩埋，有时出现家畜死亡的现象。暴风雪天气能见度低，易使牧民迷路。暴风雪过后易引发牧区雪灾。暴风雪灾害等级指标见表 2.4。

表 2.4　暴风雪灾害等级指标

灾害等级	气象指标
轻度	24 h 降雪量 ≥ 7.5 mm 或积雪深度 ≥ 7.5 cm
中度	24 h 降雪量 ≥ 10 mm 或积雪深度 ≥ 10 cm，瞬时风力 ≥ 4 级
重度	24 h 降雪量 ≥ 15 mm 或积雪深度 ≥ 15 cm，瞬时风力 ≥ 4 级

　　加强牧区棚圈建设是预防暴风雪的基础，在出现暴风雪时放牧家畜可以提前归牧、弃放牧为舍饲补饲或就近放牧躲避不利天气。

2.1.2.5　沙尘暴

　　沙尘暴也叫黄毛风，是在草原牧区强风将地表大量沙尘吹起，使空气混浊的天气现象。沙尘暴对草场和牲畜均会造成危害。这种灾害主要发生在我国西北地区，在冬春两季发生较多。未来 24 h 或 48 h 内出现能见度 ≤ 1000 m、平均风速 ≥ 12 m/s 的沙尘天气，制作、发布此项天气预报。内蒙古自治区地方标准（DB15/T255—1997）中给出沙尘暴灾害为沙尘暴、强沙尘暴、特强沙尘暴指标（表 2.5）。

表 2.5　牧业气象沙尘暴灾害等级指标

沙尘暴等级	能见度 /m	平均风速 / (m/s)	平均风力 / 级	灾害情况
沙尘暴	< 1000	12~19	6~8	沙区流沙开始转移，草牧场等地面沙尘飘浮污染，影响放牧等生产活动
强沙尘暴	< 500	19~23	8~9	沙区流沙移动加快，草牧场风蚀严重，不能放牧
特强沙尘暴	< 50	> 23	> 9	沙区流沙移动很快，低标准建筑物遭破坏，水利设施被严重风蚀沙埋，风沙掩埋草牧场或出现新戈壁，大量家畜被风沙埋压并死亡

　　针对沙尘暴对家畜放牧、接羔保育等生产的影响程度和影响范围，提出畜舍棚圈保暖、舍棚圈加固、能否出牧、是否舍饲补饲、接羔保育安全措施等防灾保畜建议，以预防家畜在井、坑、湖泊、水泡、雪洼、沟壑地带活动时，陷入雪中或被积雪掩埋、死亡事件。

2.1.2.6　寒潮

　　寒潮是指高纬度地区的冷空气大规模向中低纬度侵袭，造成剧烈降温的天气过程。预计未来 24 h 内出现气温降温幅度 ≥ 8 ℃，或者 48 h 内连续降温幅度 ≥ 10 ℃和 72 h 内连续降温幅度 ≥ 12 ℃，风力达 6 级以上、日最低气温下

降为 ≤ 4 ℃情况下，制作、发布寒潮大风牧用天气预报。寒潮天气将造成牧草严重冻害，剧烈降温易引起家畜疾病发生甚至死亡，大风易造成放牧家畜走失甚至死亡。寒潮灾害等级指标见表 2.6。

表 2.6　寒潮灾害等级指标

灾害等级	气象指标
寒潮	①日最低（或日平均）气温 24 h 内降温幅度 ≥ 8 ℃，或 48 h 内降温幅度 ≥ 10 ℃，或过程（不超过 4 d）平均气温降温幅度 ≥ 12 ℃；②过程最低气温 ≤ 4 ℃，或观测有霜出现
强寒潮	①日最低（或日平均）气温 24 h 内降温幅度 ≥ 10 ℃，或 48 h 内降温幅度 ≥ 12 ℃，或过程平均气温降温幅度 ≥ 12 ℃；②过程最低气温 ≤ 3 ℃，或地表温度降至 0 ℃以下；③伴有 5 级以下大风或 7 级以上阵风，或伴有小到中量的雪或雨夹雪天气
特强寒潮	①日最低（或日平均）气温 24 h 内降温幅度 ≥ 12 ℃，或 48 h 内降温幅度 ≥ 14 ℃，或过程平均气温降温幅度 ≥ 14 ℃，或过程累计降温幅度 ≥ 16 ℃；②过程最低气温 ≤ 2 ℃，或地表温度降至 0 ℃以下；③伴有 8 级以上强风、沙尘暴、暴雪、雪淞、冻雨等高影响天气中的一种

针对大风降温天气对放牧家畜、舍饲家畜和处于接羔保育环节的牧业生产，提出畜舍棚圈保暖、能否出牧、是否舍饲补饲、母畜保胎、接羔保育安全措施等防灾保畜建议，以预防家畜遭受风寒影响出现严重掉膘和老弱病畜死亡现象。加强牧区棚圈建设是预防寒潮大风的基础，在出现寒潮大风时放牧家畜可以提前归牧、弃放牧为舍饲补饲或就近放牧躲避不利天气。

2.1.2.7　草原虫害

牧区草原虫害指草原上蝗虫、黏虫、草地螟等数量剧增而使草原遭到严重破坏的一种衍生气象灾害。草原灾虫通过与畜禽争食牧草，影响家畜采食和牧草的繁殖更新，破坏生态环境，引起草原退化和沙化而危害草原畜牧业。草原虫害气象指标见表 2.7。

表 2.7　草原虫害气象指标

草原虫害	气象指标
蝗虫	发育适宜温度为 20~42 ℃，最适温度在 28~34 ℃
草地螟	越冬代成虫于 4—5 月旬平均气温为 15~17 ℃，10 ℃以上积温高于 80 ℃·d 时开始羽化。相对湿度为 60%~80% 时生殖力最强，相对湿度低于 40% 时雌蛾生殖力减退或不育
黏虫	成虫产卵适宜温度为 15~30 ℃，最适温度在 19~25 ℃，适宜相对湿度在 75% 以上

2.1.3 畜牧业气象服务主要内容

2.1.3.1 牧事活动周年与气象服务

根据畜牧业生产的需求，开展接羔保育、打草期预报、抓绒剪毛等牧事活动气象服务，编制周年牧事活动气象服务一览表（表 2.8），用于指导畜牧业气象服务工作。

表 2.8　内蒙古牧用天气预报周年服务产品一览表

发布日期	产品名称	关注的要素
1—3 月适时	降雪影响牧用天气预报或牧区	降雪时间、范围、降雪量、持续时间，掩埋牧草比例
11—12 月	雪灾预报预警	
3 月 15 日前	天然牧草返青期预测	40 cm 地温、> 0 ℃积温初日、气温稳定通过 5 ℃
4 月 22 日前	接羔保育期适宜度评价	气温日较差、大风日数等
5 月 5 日	家畜抓绒剪毛适宜期预测	当日平均气温稳定通过 10 ℃，未来 1 周降温天气
5—6 月	冷雨湿雪灾害天气预报	未来 24 h 内出现大于 5 mm 降水量、日平均降温低于 5 ℃时
5 月初	草原禁牧期	从牧草返青到牲畜饱青
5 月 2 日	牲畜饱青期预测	牧草拔节期，降水和气
7 月中旬	打伏草作业期牧用天气预报	牧草高度、牧草产量，连续 5 d 无雨
8 月中旬	打秋草作业期牧用天气预报	牧草高度、牧草产量，连续 5 d 无雨
10 月 25 日	冷季草地适宜载畜量预测	牧草产量、白灾预测、牲畜存栏数量
11—12 月	牧区大风寒潮灾害预报	24 h 内连续降温≥ 8 ℃，或 48 h 内降温幅度≥ 10 ℃，或 72 h 内降温幅度≥ 12 ℃
5—8 月	牧区干旱监测评估预警	干旱时间、范围、土壤相对湿度、降水、温度

2.1.3.2 牧草返青期牧用天气预报服务

利用不同类型草原建群种的返青期、开花期和黄枯期预报模型，开展牧草生长状况预报，指导地方禁牧、休牧、储草等。

（1）牧草返青期的主要气象指标。牧草返青主要受温度累积的影响，一般情况下，以≥ 0 ℃的积温累积到一定数值植物可以萌动返青，不发生严重干旱情况下，水分条件在有冬季底墒的基础上并不影响牧草返青。但是，北方草原地区的气候特点是春季气温冷暖交替剧烈，除了以春季稳定通过 0 ℃的日平均气温累积作为牧草返青主要的指标以外，必须辅以入春以来≥0 ℃的开始出现后的阶段积温累积并赋予一定的权重作为牧草萌动返青的主要指标。再根据冬季负积温、冬季积雪状况、牧草返青前40 cm地温、草地土壤墒情、上年牧草生长季多年生牧草生长状况，结合未来天气气候变化趋势，在分析气象条件对不同地区不同类型草场主要牧草返青日期影响的基础上，做出不同区域主要牧草返青期预报。

草甸草原。返青：4月中至5月初；展叶：5月初至5月中；抽穗（现蕾）：6月中至8月初；开花：7月初至8月末；结实：8月初至9月中；枯黄：9月中至10月初。

森林草甸草原。返青：5月初；展叶：5月中；抽穗（现蕾）：6月中；开花：6月末；结实：7月末；枯黄：9月中。

典型草原。返青：4月中至5月初；展叶：5月初至5月中；抽穗（现蕾）：6月初至7月中；开花：6月中至7月末；结实：7月中至9月初；枯黄：9月初至9月中。

荒漠草原。返青：3月末至4月初；展叶：4月中至末；开花：4月末至6月末；结实：6月末至7月中；枯黄：7月末至10月末。

（2）牧草返青期牧用天气预报指标。

以克氏针茅和羊草为建群种的典型草原：克氏针茅返青所需≥0 ℃积温为20~80 ℃，且40 cm地温需稳定通过3 ℃。羊草返青需≥0 ℃积温为25~160 ℃，且40 cm地温需稳定通过5 ℃。

以沙生针茅和葱类植物为建群种的荒漠草原：沙生针茅返青所需≥0 ℃的积温为30~180 ℃，且40 cm地温需稳定通过5 ℃。葱类植物返青所需≥0 ℃的积温为10~80 ℃，且40 cm地温需稳定通过0 ℃。

预测用语：牧草返青日期与历年平均日期比较，早（5 d以上）、偏早（3~5 d）、正常（-2~2 d）、偏晚（-3~-5 d）、晚（-5 d以上）。

2.1.3.3 牲畜饱青期牧用天气预报服务

牲畜饱青期评估指标：天然草地牧草拔节期≥0 ℃积温约为150 ℃；预测家畜饱青期指标：禾本科牧草群生长高度平均达到10 cm以上的出现日期为饱青期。以不同草场牧草返青后，生长高度平均达5~8 cm的日期作为小牲畜饱青期，9~10 cm的日期作为大牲畜饱青期。

服务用语：大小牲畜饱青日期与历年平均日期比较，早（5 d以上）、偏早（3~5 d）、正常（-2~2 d）、偏晚（-3~-5 d）、晚（-5 d以上）。

2.1.3.4 家畜抓绒剪毛适宜期牧用天气预报服务

抓绒剪毛适宜期时间一般为每年 5 月底 6 月初。当日平均气温稳定通过 10 ℃、日最低气温大于 0 ℃、风力在 4 级以下、日照时数 10 h 以上，可作为抓绒剪毛适宜指标。并关注冷雨、湿雪、连阴雨、寒潮（6 ℃ 以上降温）、大风（5 级以上）天气对剪毛后家畜的影响。

放牧绵羊药浴应选择在气温 10 ℃ 以上、风力 < 2 级或静风、空气干燥、天空晴朗少云的天气和光照充足、通风良好的场地为佳。药浴时气温不宜太低，药浴后的放牧绵羊不宜暴晒，应尽量避免大风、大雨等天气的影响。

2.1.3.5 天然草原适宜打草期牧用天气预报服务

根据气象条件对草地植被生长发育的影响，开展草地植被生长气象条件优劣定量评价、产草量和载畜量预报。针对牧草禁牧期、饱青期、打草期等重要牧时，开展牧草发育期预报服务。

（1）打伏草牧用天气预报指标。最适宜打伏草期是草群中主要牧草开花盛期。根据牧草监测数据，分析牧草高度大于 30 cm、干草产量大于 1000 kg/hm^2 的分布区域及分布面积，确定为打伏草区域。并依据以下指标将打草区域划分为较适宜打草区、适宜打草区和最适宜打草区。

高度 ≥ 30 cm，干草产量 ≥ 1000 kg/hm^2，较适宜打草区。

高度 ≥ 40 cm，干草产量 ≥ 1500 kg/hm^2，适宜打草区。

高度 ≥ 50 cm，干草产量 ≥ 2000 kg/hm^2，最适宜打草区。

干草产量 = 地上生物量（鲜重）× 干鲜比（7 月）。

其中地上生物量由各监测站实测获得，干鲜比为各站近 7 a 牧草干鲜比平均值。

适宜打伏草牧用天气预报：根据 1~7 d 精细化天气预报，分析可供打伏草区域内未来 7 d 内出现连续晴朗天气 4 d 以上，或者 7 d 内有阶段性小阵雨（24 h 内小于 5 mm，4 d 内累积降水量小于 12 mm，7 d 内累积降水量小于 25 mm）天气出现时，发布适宜开展打草作业天气牧用天气预报，否则发布不适宜打草作业天气牧用天气预报。

利用 EOS/MODIS 卫星监测的 NDVI 反演计算不同草原区的牧草产量，与地面监测的牧草高度相结合，根据以上打伏草指标，确定可打伏草区域，并与无降水区域叠加，确定打草作业区域。

（2）天然草原适宜打秋草牧用天气预报指标。根据牧草监测数据，分析牧草高度大于 35 cm、干草产量大于 1200 kg/hm^2 的分布区域及分布面积，确定为打秋草区域。并依据以下指标将打草区域划分为较适宜打草区、适宜打草区和最适宜打草区。

高度 ≥ 35 cm，干草产量 ≥ 1200 kg/hm²，较适宜打草区。

高度 ≥ 40 cm，干草产量 ≥ 1500 kg/hm²，适宜打草区。

高度 ≥ 50 cm，干草产量 ≥ 2000 kg/hm²，最适宜打草区。

干草产量 = 地上生物量（鲜重）× 干鲜比（8 月）。

适宜打秋草牧用天气预报：根据 1 ~ 7 d 精细化天气预报，分析可供打秋草区域内未来 7 d 内出现连续晴朗天气 4 d 以上，或者 7 d 内有阶段性小阵雨（24 h 内小于 5 mm，4 d 内累积降水量小于 12 mm，7 d 内累积降水量小于 25 mm）天气出现时，发布适宜开展打秋草作业牧用天气预报，否则发布不适宜打秋草作业牧用天气预报。

利用 EOS/MODIS 卫星监测的 NDVI 反演计算不同草原区的牧草产量，与地面监测的牧草高度相结合，根据以上打秋草指标，确定可打秋草区域，并与无降水区域叠加，确定打草作业区域。

2.1.3.6 绵羊接羔保育期牧用天气预报服务

通过开展气象条件对绵羊体重变化、奶牛产奶量、山羊产绒量等的影响研究，建立放牧绵羊（4 岁龄前）体重年周期变化预报模型，研究发现绵羊体重年周期变化与气象要素的年周期变化密切相关。

绵羊接羔保育期评估指标：放牧绵羊产羔适宜下限温度指标日平均气温 –8 ℃，适宜温度指标日平均气温 3 ℃作为绵羊接羔保育期评估指标。并关注降雪、大风、寒潮（6 ℃以上降温）天气对接羔保育的影响。

绵羊配种适宜期：秋季日平均气温下降至 18 ~ 12 ℃，日照时数缩短到 13 ~ 8 h 出现日期作为家畜配种始期和终期，日平均气温下降至 15 ℃、日照时数缩短到 10 h 出现日期作为家畜最佳配种期。绵羊产羔适宜期：绵羊配种始期、集中期和终期确定后，后推绵羊一个妊娠期（150 d），即可得出绵羊产羔始期、集中期和终期。

2.2 畜牧业气象服务实例：内蒙古天然草原可打草面积气象服务

2.2.1 牧草生长状况分析

2020 年春季（3—5 月），平均气温与常年同期相比偏高 1 ~ 2.5 ℃，土壤解冻较快，光热条件较充足，中部偏东及东部偏南地区降水偏多、其余地区降水偏少。中西部大部牧区、赤峰阿鲁科尔沁旗牧草返青期推迟或接近去年和近5 a同期；呼伦贝尔典型草原牧草返青局部偏晚，草甸草原大部接近常年；锡林郭勒草原大部分地区返青期比历年偏早。

进入6月以后，除呼伦贝尔草原气温波动较大以外，大部分牧区气温偏高1.0~3.0 ℃，上中旬，大部分牧区降水偏少，影响返青后牧草生长。6月下旬，锡林郭勒中西部草原、乌兰察布草原气温偏高1.0~1.3 ℃，锡林郭勒东部草原、阿拉善大部地区气温偏低；锡林郭勒大部草原、鄂尔多斯市北部、阿拉善盟西南部等地降水偏多。我区西部、中部大部、呼伦贝尔草原西部牧区牧草产量（鲜重）低于1000 kg/hm²；兴安盟东部、通辽市大部、赤峰大部、锡林郭勒盟东部牧区的牧草产量（鲜重）3000 kg/hm²以上；其余牧区牧草产量为1000~3000 kg/hm²。

进入7月以后，东西部牧区气温偏高，中部大部分牧区气温偏低，降水分布不均，上旬锡林郭勒盟中西部、乌兰察布市大部、鄂尔多斯市中北部、巴彦淖尔市东北部等地降水偏多，牧草快速生长，而呼伦贝尔草原、巴彦淖尔西部草原和鄂尔多斯西部草原出现干旱，呼伦贝尔草原牧草高度偏矮，部分地区出现枯黄萎蔫、甚至停止生长现象。中旬呼伦贝尔市草原、锡林郭勒盟中南部、乌兰察布市大部、鄂尔多斯市东北部、阿拉善盟南部等地降水偏多，对牧草生长有利，而锡林郭勒和阿拉善大部草原受高温干旱影响，牧草生长受制。我区大部牧区接近近5 a或减少590~4607 kg/hm²；通辽市库伦旗、赤峰市大部、锡林郭勒盟大部牧区牧草产量偏多561~2224 kg/hm²。

进入8月以后，出现几次较大降水过程，大部地区偏多50%以上，部分地区偏多2倍以上；呼伦贝尔市西部和北部、鄂尔多斯市南部、阿拉善盟东南部等地偏低1.0~2.3 ℃。大部牧区受前期降水偏少，土壤墒情较差影响，牧草生长速度较慢，8月中旬与近5 a同期相比，大部牧区的牧草高度接近近5 a或比近5 a同期偏低4~11 cm；仅通辽市库伦旗、赤峰市巴林右旗和克什克腾旗、锡林郭勒盟中部以及西南部大部牧区牧草高度比近5 a同期偏高4~32 cm。

呼伦贝尔草原、锡林郭勒草原重点打草场牧草高度达到30 cm以上，干重达到1000 kg/hm²以上，牧草干物质积累已经形成，已经具备打贮草条件。

2.2.2 适宜打草区域及面积

2020 年能够满足打草条件的区域面积为 28.79 万 km^2，主要分布在呼伦贝尔市中西部、兴安盟大部、通辽市北部、赤峰市西部、锡林郭勒盟中东部牧区。其中较适宜打草区为 7.02 万 km^2，适宜打草区面积为 14.06 万 km^2，最适宜打草区面积为 7.71 万 km^2。

与历年均值相比，可打草区域总面积增加 2.71 万 km^2，其中较适宜打草面积减少 4.79 万 km^2，适宜打草区面积增加 5.80 万 km^2，最适宜打草区面积增加 1.70 万 km^2（图 2.1 和表 2.9）。锡林郭勒草原适宜打草场面积增加，而呼伦贝尔草原受干旱影响，牧草长势不及常年，导致适宜打草区域面积减少。

2.2.3 适宜打草期预测

8 月下旬至 9 月初牧草地上生物量将达到高峰，且牧草营养成分含量较高，适宜打草晾晒。主要打草场的呼伦贝尔草原受近期降水影响，牧草进入开花至成熟生长阶段，气温高、光照强，对牧草干物质积累非常有利，受前期干旱影响打贮草适当延后 15~20 d，但需在初霜冻前完成打草工作。一般将 9 月 10 日后收割的牧草称为"霜黄草"，但是"霜黄草"的牧草质量明显下降。据多年气象资料统计，锡林郭勒草原平均初霜期在 9 月初，呼伦贝尔草原初霜期平均在 9 月 13 日到 9 月 17 日。根据短期气候预测 8 月下旬中东部降水较多，因此，2020 年 9 月上中旬是打草的最佳时期。

2.2.4 生产建议

刈割牧草晾晒需要 3~5 d 的晴好天气，待牧草略干后，及时收拢，起垛，防止牧草发霉腐烂。被雨水浇湿的牧草，更容易发霉腐烂，影响牧草品质和营养价值，应引起关注。

建议各地要积极关注本地区的天气预报，及时调整打草期，做好打草储备工作。

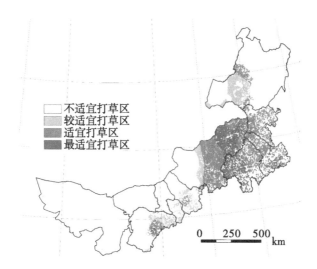

图 2.1　2020 年内蒙古天然草原适宜打草区域示意图

表 2.9　内蒙古天然草场适宜打草区域面积　　　　　　万 km²

地区	2020 年				与历年均值比较			
	较适宜	适宜	最适宜	总计	较适宜	适宜	最适宜	总计
呼伦贝尔市	3.45	1.08	0.00	4.53	0.01	−0.43	−0.96	−1.37
兴安盟	0.00	2.41	0.01	2.43	−0.30	1.55	−0.78	0.49
通辽市	0.00	1.27	1.20	2.47	−1.23	0.65	0.51	−0.05
赤峰市	0.00	1.82	2.59	4.41	−1.54	0.49	1.37	0.32
锡林郭勒盟	1.39	6.62	3.76	11.77	−2.33	2.93	1.59	2.20
乌兰察布市	1.01	0.31	0.00	1.31	0.53	0.06	−0.20	0.39
鄂尔多斯市	1.17	0.56	0.15	1.88	0.06	0.55	0.15	0.76
总计	7.02	14.06	7.71	28.79	−4.79	5.80	1.70	2.71

3　林业和果品业气象服务

3.1　林业气象服务概述

气象条件对于森林类型的分布,林木的生长发育,林产品的数量和质量,森林病虫害和火灾的预防、预测都有重要影响。而森林生态系统和林业生产活动也会对气象及气候状况产生一定影响,森林能使大气保持较为稳定的 CO_2 含量、稳定大气层的结构、净化空气、调节气候,为人类和各种生物创造适于生存的气候环境。

3.1.1　林业与气象条件的关系

3.1.1.1　森林分布

气象条件影响并决定着森林的分布和树木的生长。不同的经纬度、不同的海拔高度,分布着不同类型的森林、种群和群落,其生长情况和产量也不同。在水热条件好的地区,林木生长快、生物多样性丰富;而在水热条件差的地区,林木生长慢、树种单纯。因此,气象条件及其变化决定着森林的种类、产量和质量。我国的森林覆盖率为 10%。北方的高山森林属于针叶混交林,以云杉、铁杉或冷杉为主,温带低地的森林以落叶阔叶混交林为主。南方的森林以亚热带常绿或季雨林为主,只是在海南、滇西南、藏东南和台湾的南部有数量不多的常绿雨林。这些主要森林类型间的过渡区很广阔,不同的物种集中在一起构成了不同生物地理区各自的森林类型。和世界相似的森林类型相比,我国的温带阔叶林和亚热带常绿林的物种丰富度是最高的。我国有很多树种是重要的营林树种,如水杉、杉树和松树,有些森林物种被培育成为极具价值的经济作物,如猕猴桃、板栗、核桃、银杏等。

3.1.1.2 气候变化与森林

森林是陆地生态系统的主体，是地球生物圈的重要组成部分，在维护地球生态平衡中发挥着巨大作用。森林作为同化 CO_2 的场所、集水区和生物多样性的保存库，在缓和全球气候变化和保护生物多样性方面处于重要地位。森林作为一种重要的下垫面，是影响气候的因子之一，它的增长和消失，改变着下垫面的性质、状态、热量和水分等特性，使气候形成和变化受到制约和改变，影响气候的稳定和异常，影响全球气候变化程度和性质。

气候变化，尤其是频繁出现的极端天气现象，如在一些地区出现的夏季高温、干旱等，造成森林火灾的发生频率增大，火灾面积增加。植物体中的 C/N 值变化及降雨和温度分布格局的变化，必定会影响到病虫害种类及灾害程度。由于冬季气候变暖，使得一些森林害虫的数量猛增。大气中 CO_2 浓度增加影响到树木的生长、发育和木材产量，使得森林资源的数量和质量都发生了变化。还会改变林木成熟时的年龄，对林木的轮伐期要做适当的调整。由于气候变化，重要商品材树种的分布范围会改变，林区的范围、分布也将有相应的变化。因此，对森林资源的分布要进行新的区划，与之相应的森林工业的布局也要进行必要的调整。

3.1.1.3 森林小气候

森林小气候是指由于森林下垫面的存在所形成的一种特殊的局部地区气候。主要表现在林内太阳辐射减少，林内及其附近的温度变化缓和，湿度增加，以及风速减弱等小气候特征。

森林中的温度。林冠对温度能起到正负两种作用。林冠的存在减少了到达林内的太阳辐射和长波射出辐射，这就使林内白天和夏季温度（包括气温和地温）比林外低，夜间和冬季温度比林外高，这称为林冠对温度的正作用。另一方面，林冠的存在减低了林内风速和乱流交换作用，使与林外热量交换减少，又有增大林内温度日较差和年较差的作用，称为林冠对温度的负作用。林冠对温度的正负两种作用，对于同一片森林同时存在，但它们所起的作用大小是不相等的，其中必有一种作用处于主导和支配地位。大量观测证明，在一般森林中，正作用大于负作用，所以其结果使林内的温度变化比林外缓和；只有在疏林中，负作用大于正作用，使林内温度的日变化大。因此，在纬度较高的地方，一般森林的存在有降低夏季林内日平均温度，提高冬季日平均温度及年平均温度的作用。

森林中的湿度。由于林冠阻挡林内外空气交换，林内的水汽不易向外扩散，所以林内的相对湿度和绝对湿度均比林外高。但如果林内郁闭度愈大、林内温度低、蒸发力弱，会使林内增湿效应减小。一般林内水汽压比林外高 1～3 hPa，相对湿度随林内温度而变化。在夏季，林内气温比林外低 1～3 ℃，相对湿度比林外高 2%～11%，干旱时期可达到 34%。冬季林内外气温差别不大，相对湿度差别也很小。在密林里，水汽压的变化为单峰型，日变化趋势与气温相一致。在疏林里，特别是干旱时期，水汽压日变化呈双峰型，最大值分别出现在 10 时和 16 时左右，最小值分别出现在 5 时和 13 时左右。疏林里的水汽压日变化比旷野大，而密林里比旷野小。林内相对湿度日变化与气温日变化相反，日较差比林外小。在一年中，林内的绝对湿度和相对湿度均比林外高。最大值出现在夏季，最小值出现在冬季，年较差比旷野小。林地表层（0～10 cm）厚的土壤湿度比旷野多 2%～3%，但变动较大；而下层由于根系吸收，土壤湿度比旷野低 2%～3%，且变动较小。林内空气湿度铅直分布趋势是随高度而递减，相对湿度的铅直分布与绝对湿度大致相似。

森林中的风。森林对空气运动有阻碍作用，林木的高大树干和稠密的枝叶，是空气流动的障碍，它可以改变气流运动的方向、速度和结构。森林越密对风的影响越大。当风由旷野吹向森林时，受到森林的阻挡，在森林的迎风面 5 倍林高处，风速开始减弱。在距离林缘 1.5 倍树高处，大部分气流被迫抬升，使森林上空流线密集、风速增大。由于林冠起伏不平，引起强烈的乱流运动可达到几百米高度。当风由森林上空越过森林后，形成一股下沉气流，大约在 10 倍树高处气流向各方向扩散，在离林缘 30～50 倍树高处，才恢复到原来的风速。还有一部分气流进入林内，由于受到树干、枝叶的阻挡、摩擦、摇摆，使气流分散，消耗了动能而减弱，风速随着离林缘距离的增加而迅速减小。约在距林缘 200 m 以上，风速仅为旷野的 2%～3%。林内风速的铅直分布从地面向上随高度而增大，当接近林冠下表面时，风速又随高度增加而减小，林冠中的风速与林地附近相近，达到最小值；林冠以上的风速随高度增加而急剧增大。由于林地与周围空旷地的增热和冷却情况不同，在林缘附近产生一种热力环流，称为林风。白天林内气温低于空旷地，空气由林地流向旷野，而旷野上空的空气则流向森林上空；夜间，由于林冠的阻挡，林内比旷野冷却缓慢，形成与白天相反的局地环流。林风只有在静稳天气才会产生，并且由于林内外温差不大，所产生的风速只有 1 m/s 左右，但是局地环流的产生会影响到林缘附近水汽的水平输送和铅直扩散（蒸发）等物理过程，起到抑制蒸发作用，使生态环境得到改善。

3.1.2 林业气象灾害

3.1.2.1 森林火灾

引起森林火灾的火源主要是人为火和雷击火。人为火常发生在少雨雪的干燥季节，雷击火多发生在夏季高温对流旺盛时期。有利于森林着火和蔓延发生的气象因子如下：

风。风能加速水分蒸发使森林可燃物含水量减少，变得干燥，提高可燃物的燃烧度。一旦森林着火后，风能加速空气流通，及时补充森林燃烧过程中的氧气消耗，起助长燃烧作用，使小火迅速扩展为大火，地表火变成树冠火。风还能传播火源，造成飞火，越过河流、山坡、防火线等，引起新的火灾。因此，风速越大，火险程度越大，越要更加严格控制用火。

气温。气温高，空气相对湿度低，饱和差大，蒸散增强，可燃物含水少且温度高，森林易着火和蔓延。在火险季节，白天午后温度最高，最易发生火灾。

降水。降水使可燃物湿度增大，可抑制林火。雨、雪可使森林可燃物失去可燃性，大雨还能帮助扑灭林火。雾、霜、露等水汽凝结物越多，可提高可燃物湿度，起到减少着火、减弱火势和减缓火势蔓延的作用。因此，火险季节有降水可降低火险程度。

空气湿度。空气湿度小、饱和差大，森林可燃物易干燥，燃烧性增大。一般林内相对湿度在 75% 以上不会发生火灾。

干旱持续日数。林区连续无降水日期，或降水量低于某个临界值的连续日数叫干旱日数，它是林火发生的重要指标。一般来说，高温、风大、湿度小和无降水的天数持续越长，森林可燃烧性提高，越易发生火灾，着火后蔓延也越快。例如大兴安岭林区地春季防火期日降水量 < 5 mm 的连续日数作为指标，超过 10 d，就容易发生森林火灾。

3.1.2.2 树木生理病害

不良的气象条件是引起病害的主要原因。树木的不同部位、不同发育期所适应的气象条件不同。如当最高温度超过其限度时，树木就会出现落叶，苗木就会出现灼伤，形成茎腐病。对于树皮薄而光滑的树木，如大叶杨、桦树、枫、冷杉等，则易引起日灼病。树木在非自然分布区以北地区生长时，易受低温危害。树木受冻害、霜害、霜裂、冻拔、冻裂痕等低温害以后，茎部皮层剥落，出现溃疡。水分不足可引起树、凋萎、提早落叶，以致死亡。在暖热干旱地区，树叶因水分损失过多，又不能从根部得到补偿，就会使叶片在边缘及叶脉呈现褐色，患叶焦病。水分过量时又可引起树木的水肿病。花期如阴雨过多，常发生落果。

3.1.2.3 森林病虫害

气象条件不仅直接影响昆虫的生长、发育、繁殖、迁飞、栖息、寿命，而且还对昆虫的食物、天敌及其构成环境的其他成分发生影响。由病原生物（真菌、细菌、病毒、线虫等）的侵染引起的树木病害称为侵染性病害。

温度是昆虫正常生命活动所必需的条件之一。昆虫正常生长发育所需的温度范围为 10~40 ℃，不同的昆虫以及同一种昆虫的不同发育都有一定的适温范围，在该范围内，寿命最长，生命活动最旺盛，发育与繁殖正常进行。超过该范围，繁殖停滞，发育迟缓，甚至死亡。昆虫某发育期的平均温度与昆虫的发育起点温度之差，表示对昆虫生长发育起有效作用的温度叫作有效温度。该发育期内有效温度的总和为有效积温。昆虫的各生长发育期除要求一定的温度范围外，对有效积温也有一定要求，有效积温只有达到一定的数值，才能完成生长发育，昆虫的发育速率在适宜的温度范围内随着温度升高而加快，其发育所需时间则随温度升高而减少。完成一个发育阶段所需要的时间，与该时期内的平均温度的乘积，在理论上是一个常数，这种温度与昆虫发育速度之间的规律，称为有效积温法则。利用有效积温法则，已知某昆虫完成一个世代所需的有效积温和某地多年平均有效积温，即可计算昆虫在该地可能发生的世代数。利用有效积温法则还可预测昆虫的发育期、下一个年度的发生程度以及地理分布的北限。

昆虫的一切新陈代谢活动都以水为介质，昆虫所需的水分来自环境，所以空气湿度和降水可直接影响昆虫的发育、生殖及寿命。昆虫对湿度最适范围为70%~90%。空气湿度过低或过高都可以抑制昆虫的生长发育。低温可引起昆虫体内水分大量损失，使正常的生理活动中止，导致虫体死亡。适宜的温度范围内，昆虫的发育速度随湿度增加而加快，产卵量随湿度增加而增多；湿度过高，会延滞昆虫的生长、发育。昆虫卵的孵化需要一定的湿度，湿度过低，卵会因失水而干瘪死亡，湿度过高会发生霉烂而死亡。通过降水（雨、雪）的机械作用也可直接杀死昆虫或对昆虫的卵起冲刷作用。毛毛雨有利于昆虫的活动，而大雨则抑制昆虫活动。雪有利于昆虫的越冬。

光对昆虫生命活动的影响，主要决定于光性质、光强度及光周期。昆虫适宜生存的可见光谱区为 0.25~0.7 μm，偏于短波，许多害虫对 0.37~0.4 μm 的紫外光有较强的趋光性,近年来我国在农林业生产上,使用能发射短光波的黑光灯来诱杀害虫。光强度主要影响昆虫活动的昼夜节律,过强的光照和黑暗的环境对昆虫都有推迟、延缓发育时间的作用。有些昆虫为了度过高温的夏季或低温的冬季,常有滞育现象,而引起滞育的主要原因是光周期变化。昆虫的滞育除由光周期变化引起外,还与温度、湿度、食物等其他生态因素有关。

风对昆虫的远距离迁飞有重要的意义。迁飞是昆虫在生长、发育的某个特定阶段,在一定季节,成群或分散地从一个发生地有规律地飞行到另一个地区的特殊适应现象。一般情况下,昆虫经常借助于风,进行短距离的迁飞。据研究,昆虫迁飞的方向与大气环流有密切关系。

3.1.3 林业气象服务主要内容

3.1.3.1 森林火灾预报服务

森林火灾的发生与否,发生后的蔓延和扩大,决定于是否有火源和森林物质的可燃性,而它们都与气象条件有着密切的关系。由于风对森林着火和蔓延都有促进作用,故在林区防火季节,风的大小和风向备受关注。有 3 级风时,野外要停止用火;5 级风以上,烟囱不能冒烟,并随时做好扑火准备。在护林防火工作中,要依据当地气象资料,确定火险等级,确定如何正确组织灭火,以便迅速出击,减少国家和人民财产损失。常用的森林火灾预报有以下 3 种方法:

综合指标法。根据无雨期间的空气饱和差、气温及降水量的综合影响,确定森林火灾预报综合指标数值来估计森林燃烧可能性。

实效湿度法。对木材干湿的影响,不仅要考虑当时的湿度,还要考虑前几天的气象条件对湿度的影响。因此用前一段时间的平均相对湿度对木材干湿的影响制作森林火灾预报等级。

着火指标和蔓延指标法,又称双指标法。森林能否着火,与当天的最小湿度和最高温度密切相关。可使用最小湿度的指数衰减数和最高温度的指数增长数相加,以确定着火指标。用当天的实效湿度的指数衰减数和风速的指数增长数相加,以确定蔓延指标。

3.1.3.2 林业生产过程气象服务

在采种工作中,要根据气象条件预测种子成熟期、采集期,以便及时组织采种。要依据气象条件,做好种子处理和贮藏工作。育苗工作中,要根据气象条件、灾害性天气预报,采取恰当的耕作、栽培、管理及防灾措施,做到优

质、高产、壮苗。造林工作中，要根据气象条件作好造林规划和区划，在掌握
气候、天气和当地小气候特点和规律的基础上，划分好当地立地条件类型及做
好造林设计，确定好造林树种、造林季节、整地方式、混交类型、造林技术
等，以便做到适地适树，保证造林成活率与保存率，并为其高产、稳产、具有
良好多种效益打下基础。在营建防护林工作中，要根据当地气候资料，确定主
要盛行风向，设计好林带走向、配置、宽度和树种搭配。在森林经营工作中，
要掌握气象条件的变化规律以及森林气候特点，确定较好的抚育采伐方式与强
度，以及森林的更新方式与主伐方式。在林木良种选育工作中，要根据气候特
点，选好良种优树、种子园地址、母树林位置以及确定经营管理措施，以保证
种实优质高产。在林木引种工作中，要根据气候相似性原则和小气候特点进行
工作，以便扩大优良品种栽培范围或成功引种外来树种。在森林采伐运输工作
中，要根据天气条件决定采伐季节、木材运输或流送，并做好防洪工作。在城
市及工矿区园林绿化工作中，要掌握城市气候特点、气象与大气污染关系，以
及园林绿化对净化空气、水质、土壤和改善小气候的作用，以便合理进行绿化
设计，配置好绿地栽植行道树、风景林、环境保护林等。

3.1.3.3　森林病虫害气象服务

病原菌的发育、繁殖、传播等也都受到气象条件的制约。温度是季节性病
害发生的决定性因素，也是决定病害地理分布的关键因子，病原菌侵入树木
后，潜伏期的长短也主要决定于温度条件。不同的病原菌或同一病原菌的不同
发育阶段，如孢子形成、飞散、发芽等都有不同的最适温度、最低温度和最高
温度。绝大多数病害都发生在湿度高的地方。病原菌的孢子形成、飞散、发
芽、侵入等都需要充分的湿度，大多数病菌孢子只有在水滴中才能萌芽。降水
可通过增加空气和土壤湿度来影响树木病害，含有病原菌的雨水飞溅时，使病
害得以传播。积雪可使林木抗病力下降，并有利于病原菌的繁殖。病原体的传
播主要靠风，风有利于孢子的释放和短距离传播，而且还可使某些病原体远距
离传播。大风能使树木发生机械损伤，成为病原体侵染的门户。光照可使许多
病原真菌孢子生长和成熟。在森林有害生物防治工作中，要掌握气象条件与有
害生物及病虫害发生的关系，做好预测预报，并利用适当天气条件进行防治，
收到好的效果。

3.1.3.4　生态气象监测预测与评估产品

森林生态气象业务产品，是根据森林生态系统中林木在不同气候条件下生
物积累、与外界环境的物质和能量交换、生态功能及其对整个生态系统调节功

能变化的监测、评估、预测、预估结果研制的产品。当前,我国林业气象服务方面主要是森林气象监测预测与评估。利用森林地面观测资料和卫星遥感监测资料,结合森林生长发育气象指标,运用森林 NPP 估测模型、森林生态系统模型和各种数学统计模型,制作发布森林生态气象监测评估与预测预报信息。气象服务内容包括森林生态气象条件监测、生态气象适宜度评价、森林生长发育状况宏观监测与评价、森林气象灾害监测与预测、森林火险气象等级预报和森林病虫害监测预报等。根据国家、省、地、县需求,确定自身服务范围的生态气象服务产品内容、制作发布时间和形式。国家级侧重于面向全国森林或有林地对国家生态环境和经济社会可持续发展有重大影响的生态环境问题或气象灾害开展生态气象监测、评估和预报服务;省级以下气象部门围绕影响本地区生态环境问题或气象灾害开展生态气象监测、评估和预报服务。

3.2 果品业气象服务概述

3.2.1 果品业与气象条件的关系

现代化果品业是国家富强、民族繁荣、社会文明的标志之一。果品业是国民经济中的重要产业,同时,果品业在维持和改善生态环境、保持水土、涵养水源、调节气候、净化和美化环境、保护生物多样性等多方面有着巨大的生态效益。果品业工作的主要任务是培育管理果树,使果品业生产实现高产、优质和持续发展。气象条件是果树资源生长、发育、产量、质量、结构、功能和效益的最基本条件,为了科学地培养和管理好果树,必须掌握果品业与气象条件相互作用的规律。

3.2.1.1 果树与大气

大气是果树生长的外界环境条件,是果树生物体生活、生长、发育和繁衍不可缺少的物质来源。大气中的 O_2、CO_2、NO_x^- 等气体成分对果品业生物体有重要影响和作用。树木呼吸时吸入 O_2,释放出 CO_2,借助 O_2 进行生命的生理过程。一般空气中 O_2 的数量足够植物消耗,土壤空气中 O_2 含量在 10% 以上,有利于根系生长,低于 10% 时,大多数植物根的正常生长减退,当 O_2 含量降到 2% 时,基本达到生命临界值。CO_2 是果品业生物体进行光合作用,积累干物质进行生长发育不可缺少的原料,植物进行光合作用吸收 CO_2,加以固定和贮存。氮 (N_2) 是一种惰性气体,林木所使用的氮都是无机态的,它们从土

壤中分别以 NO_3^- 和 NH_4^+ 的形式被吸入，其中 NO_3^- 是植物最重要的氮来源。

3.2.1.2 果树与太阳辐射

太阳辐射是地球上一切生命活动最主要的能量来源，也是果树生物体生命活动过程的主要影响因子。太阳辐射对果品业的影响由光谱成分、光照长度、光照强度以及光暗交替周期长短而定。

到达地面的太阳辐射光谱，可分为可见光、红外光和紫外光 3 个部分。紫外光波长小于 400 nm，到达地面的紫外光能量仅为到达地面太阳总辐射的 5%。其中波长小于 280 nm 的短紫外线对果树有伤害作用，波长越短伤害越大，甚至破坏原生质，引起植物的毁灭。但因为大气的臭氧层对其大量吸收，一般不会到达地面。波长 280~400 nm 的长紫外光对果树有刺激作用，可促进种子发芽，对土壤有一定的消毒作用。长紫外光还可刺激果树树体乙烯的产生，从而促进叶绿素消失和诱导苯丙酸氧化酶活性的提高，促进花青素的形成。山地因长紫外光多，温差大，不仅有利于果实着色、成熟，而且一般蛋白质和维生素含量均高。红外光波长在 760~4000 nm，果树叶片的叶绿体不能直接吸收红外光，对果树的生理过程没有实际作用，所以称为非生物辐射。红外光对果品业的影响主要反映在热效应上。对果品业最为有用的太阳辐射为波长为 400~760 nm 的可见光。可见光对果品业的光化学反应和生活机能具有决定性作用。到达植物表面的可见光能量约为到达地面太阳总辐射能量的 52%，其中 5% 被反射，3% 透过叶片，约 44% 被植物吸收。除对植物产生热效应外，能够引起多种的生理、生化反应，不同颜色的光线承担不同的生理效应。红光通过细胞内植物光敏素的吸收打破林木休眠，促进幼苗叶片展开与胚芽钩的伸直等。在绿色光下光合强度较弱，叶片的伸长在绿光中变慢。叶绿素 b、类胡萝卜素在可见光中富于吸收蓝紫光，并将光转给叶绿素进行光合作用，在蓝光下形成蛋白质、脂肪较多，碳水化合物较少。蓝光有助于果品业生长物质合成，还能抑制黄化素。蓝、紫、青光均具有光合成、光呼吸和向光性。

光照持续时间变化，不仅影响植物的地理分布，而且对植物生长的营养期和繁殖期均有影响。日照长短可影响果树的生长、花芽分化、开花结实、地上部分发育、休眠和抗寒性等。果树光周期现象，是指果树生长发育对昼夜长短的不同反应，即白天光照与夜晚黑暗的交替与它们持续时间长短对果树开花有很大的影响，称为光周期现象。根据果树开花所需要光照时间，可把果树分为：

长日性果树，是指光照时间比较长时（通常在 12 h 以上）能促进开花者。在春季到夏季期间开花的果树树种，多属于长日性植物，如核桃、杏树等。

短日性果树，是指光照时间比较短时（通常在 12 h 以下）能促进开花者。在秋季或早春开花的果树树种多属于短日性植物，如华盛顿脐橙等。

中日性果树，是指只能在光照长度的中间长度（12～14 h）开花者，日照长度短于或长于中间长度均不开花。少数热带果树树种属于中日性植物。

中性果树，是指开花对光照长短要求不严，在长短不同的任何光照条件下均能开花的果树，如板栗、柿树等。

3.2.1.3 果树与温度

温度对果树萌芽、生长、开花、果实膨大、种植以及休眠和越冬等生命活动都有显著的影响。植物体内一切生理活动、生化反应均必须在一定温度条件下进行。同一树种生长在不同温度条件下，其生长量差异较大。如蓝莓，属于稳定树种，在冷温带大兴安岭则受低温危害，南移到暖温带则受高温限制，均会生长不良，而在小兴安岭和长白山地区生长良好。

果树对温度的适应范围随树种和季节而异。林木生命过程中的最适温度、最高温度、最低温度称为三基点。在最适温度下林木生长发育快，在最高和最低温度下，生长发育停止，但仍能维持生命，温度若继续升高或降低，则树木将受害直至死亡，将林木受害或致死的最高与最低温度指标与温度三基点，合称为 5 个基点温度。不同树种或同一树种不同季节 5 个基点的界限温度指标也不同，如油茶，在休眠期可忍耐 –11 ℃ 的低温，但在开花时，气温低于 0 ℃ 则受害。

气温对果树的体温、叶温、果温的影响。树木是一种变温的有机体，不断与外界环境进行着能量交换，空气温度和树体温度存在着差异。在外界和辐射条件相同的条件下，树木的不同部位，由于组织发育、含水量、蒸腾状况，以及热容量等的不同而温度不同。不同树种的叶片温度不同，同一树种也因叶片所处位置、大小、张角、形状、颜色及其生理状况不同而不同。果实温度与果实发育、成熟和贮藏等关系密切。经观测，在阳光直射无风条件下，果实的温度明显高于叶片温度，果实内部的温度又高于表面温度。并呈现出紧邻果表比果肉温度高、果实小的温度高的趋势。树体内不同部位的温度是不均衡的，正常果树温度：果实＜叶片＜绿枝＜大枝＜树干。

3.2.2 果品业气象服务主要内容

果树种植引种气象服务。了解果树树种的原产地，果树引入栽培途径和本地栽培历史，树种的地域分布与气候区的匹配关系，种植面积及产量，主要生产地区布局，以对树种的地域分布进行科学区划。分析树种的种类与主要品种。以苹果为例，全世界苹果栽培品种有9000多个，用于生产栽培的有10~20个，我国主要品种有红富士、嘎拉、桑萨、红将军、津轻、金冠、红星（蛇果）、红玉、乔纳金、澳洲青苹、国光、金帅等。要了解当地苹果属于哪个品系、重点发展的品种及不同品种对气象要素需求的差异；了解果树的生物学特性，树种属于哪纲、目、科、属等，是多年生还是一年生，是草本植物还是木本植物，生长发育周期的几个关键阶段，定植后几年开始结果，结果盛期长度，亩产量和生长寿命；重点掌握果树根系的水平和垂直分布特征，根系集中分布区，新根生长的最低、最适、最高地温温度指标，根系的向气性、向地性、向肥性、向水性和自我调节生长的特性；要了解花芽萌动的气温，花期长短、授粉期、坐果期适宜的气象条件，果实成熟增大期、着色期的适宜气象条件。

果树气象灾害防御。应根据地域及果树品种的不同，研究分析影响果树生长发育的气象灾害不同特点，影响开花期的气象灾害主要有低温、霜冻、大风、沙尘暴、连阴雨，影响幼果期的气象灾害主要有冻害、干旱、冰雹，影响果实膨大期气象灾害主要有低温、连阴雨、寡照，影响果实成熟期气象灾害主要有早霜冻、连阴雨。另外，在果树生长周期中，随时都可能遭受到干旱灾害的影响。因此，要做好果树不同生长期气象灾害的监测、预报，及时采取必要的防范措施。

精细化气候区划与评价。针对各地特色果业开展精细化农业气候资源区划评价与分析，气象部门充分发挥自身优势，在果品产业布局、种植基地选择等方面面向主管部门和种植大户开展服务。针对果品种植对全年热量条件、水分条件、最高最低温度条件等，确定果品种植适宜气候指标，进行气候区划，是合理利用气候资源、保障果品生产可持续发展的科学方法。针对不同地区地形、坡向、坡度、高度的热量、水分条件差异和主要气象灾害，利用 GIS 和遥感技术，确定土地利用现状，进行较高分辨率的精细化农业气候区划，可以指导特色果业科学选址，同时利用地形小气候，趋利避害。

3.3 林业与果品业气象服务实例：大连大樱桃节气象专题服务

3.3.1 案例来源

以大连金普新区 2017 年 6 月大樱桃节气象专题服务为例。

3.3.2 方式方法

为农服务流程和材料编写具体方法如下：

3.3.2.1 开展调研

春耕春播前，向种植大户发放农业气象服务需求调查问卷。问卷内容包括现有气象服务产品需求和针对作物关键生长期服务需求。按照调查问卷调整气象专题服务材料的侧重点（图 3.1）。

金普新区气象局农业气象服务需求调查

主要种植作物：　　　　　联系人：　　　　　联系方式：

一、现有产品需求

服务项目	内容	发布渠道	发布时间	是否有需求
天气预报	24 小时+5 天趋势预报	手机短信	每天下午 17 点前	
预警	大风	手机短信 微信、微博	不定时	
	暴雨			
	冰雹			
	高温			
	寒潮			
	雷雨大风			
	大雾			
	台风			
	暴雪			
	雷电			
专题气象服务	气象专报	微信	另行约定	

二、针对作物关键生长期服务需求

作物名称				
	名称	时间	气象指标	是否有服务需求
与气象密切相关的关键期	1			
	2			
	3			
	4			
	5			
	6			
	7			
	8			

三、如有其他需求，请在此填写：

图 3.1　农业气象服务需求调查问卷截图

3.3.2.2 建立为农服务实践示范基地

国际樱桃节开幕前，金普新区气象局积极与大樱桃节组委会联系，咨询大樱桃节期间气象服务需求，同时立即启动大樱桃专业气象服务机制。七顶山街道丽美缘大樱桃生态园作为金州新区首个农村气象服务实践基地，被选为大樱桃节气象直通式服务的试点单位。根据其特点和对精细化气象服务的需求，在示范基地的樱桃大棚配备"智慧园丁"综合气象观测系统，采用智能传感器技术，监测设施内与作物生长密切相关的空气温度、湿度、土壤水分等相关要素，通过手机、计算机等移动互联网终端进行远程监控。当空气温度和湿度超时、超限或突变时，预警信息会以手机短信形式进行提醒。为农服务人员随时根据设施内气象要素的变化提供精细化服务，达到提高大樱桃产量和质量、控制生长期的效果，为当地大樱桃生产提供优质、创新的气象服务保障。

3.3.2.3 编写服务材料

在服务时首重时效和预报的准确性，重视预警发布的及时性。对短时临近的灾害性、转折性天气的时效和准确性严格把关。立足于气象，努力向农业方面拓展。针对关键农时，与农业专家会商联合发布农业气象服务产品。2016 年发布的农业气象服务产品中有春耕春播气象条件分析 10 期、干旱监测 16 期、气候评价 6 期、农用天气预报 5 期、特色农业大樱桃服务 2 期、病虫害气象服务专报 1 期。

3.3.2.4 服务直通直达

金普新区气象局将决策气象信息服务的纸质材料传真给金普新区管委会应急办、办公室、农业局及涉农街道。通过建立 QQ 群、邮箱及时将服务材料传递给农业管理服务中心相关人员、广播电视台，再通过手机短信和各街道 LED 显示屏、气象灾害应急广播系统将降水、大风等对樱桃产量和品质有危害的气象信息通知到各村气象信息员和农民。同时发挥新媒体宣传优势，建立微博、微信公众号，数据通过微信平台发布到园区管理员的手机上，帮助他们随时随地掌握大樱桃生长的气象条件变化，及时做出应对和调整，从而延长大樱桃的采摘期，打好时间差，达到增产增收的目的。

3.3.2.5 走访调研、收集服务效益调查意见

金普新区气象局组织服务人员对该园区进行实地调研，每周都进行电话访问，及时了解农户的需求。春耕春播期间，不定期电话随访樱桃种植大户，随时掌握樱桃的生长生产态势及对气象服务的需求，共随访 4 次。到二十里堡街道和杏树街道开展土壤墒情干旱实地调研 3 次，发放农业气象服务效益调查表，主要内容包括服务对象、填写时间、服务效益等内容。

3.3.3 案例背景数据

大樱桃生长发育期气象指标及服务产品见表3.1。

表 3.1 大樱桃生长发育期气象指标及服务产品

生育期	有利的农业气象条件	不利的农业气象条件	发布的气象服务产品及发布时间
休眠期 11月中下旬至翌年2月底	适宜的温度范围 –10~7.9 ℃有利于越冬	①气温低于 –20 ℃时会发生大枝纵裂和流胶 ② –25 ℃时造成树死	①农业气象年景展望（3月） ②农业气象信息（不定期）
萌动期 3月下旬至4月上旬	①气温 > 5 ℃开始萌芽、发芽期适宜温度 8~10 ℃ ②适宜相对湿度 65% ~75%	①气温低于 –1.7 ℃，花芽遭受冻害 ② –3 ℃维持4 h则使花芽全部受冻	①春播气象条件展望及农业生产建议（3月、4月上旬） ②土壤温湿度报告（3—5月逢4、9日） ③大樱桃花期预报（4月） ④农业气象信息（不定期）
开花期 4月中旬至5月上旬 4中旬至4月下旬始花 4月下旬至5月上旬盛花	①开花的适宜温度 10~16 ℃（稳定通过 10 ℃） ②适宜相对湿度 50% ~60% ③盛花期需较充足的水分供应	①低温冻害 ②盛花期气温低于 –1 ℃便会产生冻害 ③霜冻 ④湿度过高影响坐果、易感花腐病 ⑤大风不仅吹干花柱，影响授粉，而且影响昆虫授粉，使大樱桃产量和品质受到较大影响 ⑥花期温度超过18 ℃、湿度低于30%，对花器官生长发育和授粉不利，花期 ≥ 26 ℃持续高温，花粉失去活力而降低坐果	①土壤温湿度报告（3—5月逢4、9日） ②干旱监测与预报（适时） ③农业气象信息（不定期） ④大樱桃花期预报（4月）
幼果—着色—采收期 5月上旬至6月上旬	①日温差 8~10 ℃ ②相对湿度在 50% ~60% ③光照充沛（5月为 240~260 h） ④水分供应均衡	①气温高于 22 ℃影响品质 ②湿度大易果裂 ③久旱后突降大雨 ④降水日数多	①土壤温湿度报告（3—5月逢4、9日） ②干旱监测与预报（适时） ③农业气象信息（不定期）
采收期 6月	①气温 14~25 ℃ ②降水略少 ③光照充沛（6月为 230~260 h）	①湿度大易果裂 ②久旱后突降大雨 ③降水日数多，土壤过湿	①专题气象服务（逐日发布5 d天气趋势） ②干旱监测与预报（适时） ③农业气象信息（不定期）
花芽分化期 7—8月	①气温 24~26 ℃ ②降水偏少 ③日照充足	①气温 < 24 ℃不利于花芽分化 ②高温干燥易产生畸形果	农业气象信息（不定期）

续表

生育期	有利的农业气象条件	不利的农业气象条件	发布的气象服务产品及发布时间
花芽形成期 9—10月	气温 15~20 ℃	①此期过早、过涝引起提前落叶 ②降水偏少不能满足树体生长需求	农业气象信息（不定期）
全育期	①年平均气温 10~12 ℃，冬季最低气温不能低于 −18~20 ℃ ②日平均气温 ≥ 10 ℃ 为 150~200 d ③年降水量 600~900 mm ④年日照时数 2600~2800 h ⑤无霜期 ≥ 190 d	①冬季气温偏低 ②春季低温冻害 ③花期大风天气 ④果期湿度偏大 ⑤秋末降水偏少 ⑥无霜期短	①每月、每季气候预测（月、季末） ②农业气象信息（不定期） ③土壤温湿度报告（3—5月逢4、9日） ④春播气象条件展望及农业生产建议 ⑤大樱桃花期预报（4月）

3.3.4 服务实例（图 3.2）

特色农作物气象服务

第 1 期

金州新区气象台　签发人：程相坤　　　2016 年 4 月 1 日

大樱桃开花期气象服务

大樱桃花期是果树主要物候期之一，准确的花期预报为大樱桃做好人工授粉和打药提供了科学依据。

根据调查金州区历年大樱桃开花最早是 4 月 14 日，最晚是 5 月 4 日，最早与最晚花期相差 20 天。通过花期早晚对应气象资料分析，大樱桃开花前气温偏高开花就早，气温偏低开花则晚的规律。

气象条件分析：2016 年 3 月气温较历年偏高 2.1℃，春季以来降水略多，温度明显偏高，是大樱桃花期较往年提早的主要因素。

预计今年陆地大樱桃花期在 4 月 14 日前后。建议根据今年气候条件做好花期授粉和落花后病虫害防治准备工作，对今年大樱桃丰收可打下良好基础。

生产建议：大樱桃花期对空气湿度要求相对较严格，适宜的湿度为 50%~60%湿度过高，花粉不易发散，影响坐果，且易感花腐病；湿度过低，柱头干燥，不利于受精。

大樱桃树对水分状况敏感，既不抗旱也不耐涝，特别是谢花后到果实成熟前是需水临界区，应保证水分的供应。

（金州新区气象局 编发 王峰）　　　　　签发人：程相坤

送：区党工委、区相关单位

图 3.2　大樱桃开花期气象服务截图

4 经济作物气象服务

4.1 经济作物气象服务概述

4.1.1 纤维作物与气象

纤维作物是纺织工业的原料，我国种植的主要是棉花和麻类。以棉花为例，分析棉花生长的气象学基础。

4.1.1.1 主要棉区

我国已有 2000 年的种棉历史，是世界棉花生产、消费和贸易大国。根据我国宜棉区域的不同气候条件和棉花生产特点，可划分为五大棉区，即西北内陆棉区、黄河流域棉区、长江流域棉区、北方特早熟棉区和华南棉区。

西北内陆棉区棉花生产集中于天山南北和河西走廊，是我国唯一的长绒棉产区，属于中温带和暖温带大陆性干旱气候区，区域光照足，温差大，气候干燥，病虫害少。其中，新疆的棉花以纤维长、色泽洁白、拉力强而著称，是我国最具有潜力的新辟棉区，近几年棉花种植面积增加很快。

黄河流域棉区主要包括江苏、安徽淮河以北地区和河南、山东、河北、陕西部分地区，这里植棉历史悠久，属于暖温带半湿润季风气候区，水土、光热条件有利于棉花的生长，是较理想的植棉区。

长江流域棉区包括江苏、湖北、安徽、湖南、四川、重庆、浙江、江西和上海七省二市，是我国老棉区之一。这里地处亚热带，热量条件好，无霜期长，降水充沛，诸多条件都对棉花生产有利。但该区秋雨多，湿温大，光照弱，病虫害严重，偶有伏旱发生，使本区总体植棉自然条件不如黄河流域棉区。

北方特早熟棉区主要包括辽宁、晋中、冀北、陕北和陇东部分地区，地处中温带和暖温带的交界地带，适宜种植早熟或特早熟品种。

华南棉区主要包括广东、广西、海南、云南、福建、贵州和四川的部分地区，属于北热带和南亚热带湿润气候，棉花生长季节高温、高湿，病虫害严重，不利于棉花产量和品质的提高，目前只有零星种植。

4.1.1.2 4个生育阶段

根据棉花生长发育过程中的不同器官的形成及生育特点，可以将棉花划分为4个生育阶段。

播种出苗期，对于西北和黄河流域，4月上旬到下旬，当日平均温度达15 ℃、土壤湿度为60%~80%时比较适宜播种，而在长江流域棉花出苗需要日平均温度达到17 ℃，主要种植时间为4月中旬到下旬。

幼苗期，在西北棉区该过程主要发生在5月上旬到6月上旬，而在黄河流域和长江流域则发生在5月上旬到6月中旬，要求日平均温度在17 ℃以上，土壤湿度为55%~75%。

蕾铃期，对棉花生长的有利条件为：日平均气温在25~30 ℃、土壤相对湿度为65%~80%，且需要良好的光照条件。

吐絮采摘期，随着时间的推移，棉铃由下向上、由内向外逐渐充实、成熟、吐絮，需要日平均气温达到20 ℃以上、光照条件良好、土壤湿度维持在65%~80%。

4.1.1.3 主要灾害

棉花原产于热带、亚热带地区，是一种多年生、短日照作物。从棉花播种到采收结束，都可能发生气象灾害。其中，春季常发生的灾害有冷害、风灾、雨灾、雹灾，夏季常发生的灾害有干热风、高温热害、雹灾，秋季常发生的灾害有早霜冻。冷（冻）害是北方棉区和新疆棉区最常见的气象灾害之一，不同时期遭遇冷（冻）害时，表现的生理特征不尽相同。播种后、出苗前，棉花受冷（冻）害后，未萌芽的种子在种壳内腐烂变软；而在叶期遭遇低于19 ℃的低温，可能提高果枝始节位或者在果枝位之上出现叶枝。

我国棉花生长季主要集中在4—9月，恰与我国降雹多发季相吻合。在棉花生长期内，我国平均年降雹频次在200次以上，虽然其持续时间短、影响范围小，但突发性强、破坏性大，常打烂棉叶、打折枝茎、打坏生长点、打落棉铃，甚至造成棉花绝收，对棉花安全生产构成了严重威胁。棉花在水淹受涝的环境中，由于根系缺氧，正常的生理代谢受到严重阻碍，各器官生长受到损伤，受涝后在外部形态上表现特征是：根毛减少、叶色变黄、棉株生长及出叶速度减慢，严重的则造成根系变黑腐烂、果枝萎缩、蕾铃脱落、棉株死亡。棉花不同生育阶段遭受干旱表现的物理特征不尽相同，在蕾期至初花期棉株受旱后，棉株叶色灰绿；花铃期受旱后，棉株中上部干黄的蕾、铃明显增多；吐絮期受旱后，棉田一片黑褐色，干铃、僵铃多，吐絮铃少。在不同阶段，即使遭受同等干旱程度，棉花减产程度也不一样，其中以花铃期干旱减产最大。当温度高于棉花要求的最适温度时，棉花生长速度将随温度的升高而急剧下降。一般棉花在气温达到 35 ℃以上时，便会造成花粉生活力迅速下降、蕾铃大量脱落，气温达到 40 ℃以上时，棉花就会停止生长。

4.1.2 油料作物与气象

4.1.2.1 花生

花生主要分布在南纬 40°至北纬 40°的广大地区，就我国而言，可以划分为 7 个产区，分别为北方大花生区、南方春秋两熟花生区、长江流域春夏花生区、云贵高原花生区、东北早熟花生区、黄土高原花生区和西北内陆花生区，其中前 3 个产区的花生面积占全国的 97%，是花生主产区。

从播种到 50% 的幼苗出土、第一片真叶展开为花生种子萌发出苗期，中熟大花生品种萌发出苗约需 5 cm 地温大于 12 ℃的有效积温 116 ℃。从出苗到 50% 的植株第一朵花开放为苗期，苗期长短主要受温度影响，需大于 10 ℃有效积温 300～350 ℃，其生长的最低温度为 14～16 ℃，最适温度为 26～30 ℃。从始花到 50% 植株出现鸡头状幼果为开花下针期，花针期需要大于 10 ℃有效积温 290 ℃，适宜的日平均温度为 22～28 ℃。从幼果出现到 50% 植株出现饱果为结荚期，结荚期长短及荚果发育好坏取决于温度及品种特性，一般大粒品种需要大于 10 ℃有效积温 600 ℃。从 50% 的植株出现饱果到大多数荚果饱满成熟，称为饱果成熟期，饱果期花生对温、光有较高的要求，温度低于 15 ℃时荚果停止生产。

我国是季风最活跃的区域，气候要素变率较大，气象灾害频繁，使得花生生产的不稳定性加剧。干旱是花生生产的主要气象灾害之一。花生有两个明显的水分敏感期，即花针后期和结荚后期。干旱会影响开花，甚至使开花中断，并使得已达到地面的果针难以入土；结荚至成熟期遇干旱，则影响荚果的发育膨大，易形成秕果。由于花生分布甚广，种植制度复杂多样，春、夏、秋、冬各季都有播种，南方各地可通过调整播种期，使花生的水分敏感期避过当地干旱发生频率高的时期，以减轻干旱的危害。长江流域、华南等花生产区在花生生育期间多阴雨天，北方花生产区7—8月常发生大雨、暴雨，雨量较集中，均能造成花生涝害。我国南方以花生生育前期的芽涝和苗期涝害为主，北方则以花生生育中后期的涝害为主。洪涝可引起烂种、烂根、烂果，造成花生减产。当然，对于高纬度地区来说，由于积温偏少、热量不足，会使得花生遭遇冷害，影响荚果的正常发育和成熟。台风和冰雹也能对花生的生产构成威胁。

4.1.2.2 油菜

油菜抗逆性强，适应范围广，在我国各地几乎都有分布，其中以长江、黄河流域面积比较集中。按照各地气候条件和播种季节的不同，可以概括划分为两个大区，分别为冬油菜区和春油菜区。其中冬油菜区主要包括华北、关中、长江中游和下游、四川盆地、云贵高原和华南沿海地区，春油菜区主要分为青藏高原区、蒙新内陆区以及东北平原3个亚区。

当日平均温度为16~22℃时有利于油菜的播种出苗；当阳光充足，且日平均温度达到10~20℃时，油菜进入第五真叶期；日平均温度稳定在5℃以上时现蕾；当日平均温度在12~20℃、空气相对湿度为70%~80%且光照充足时，有利于油菜开花结荚。

在油菜的整个生育过程中，通常会遭遇各种不同的逆境。在其苗期易遭遇冬季低温干旱天气，造成油菜萎缩枯死，雨水过多往往产生红苗、僵苗、烂根死苗；蕾薹期遭遇早春的倒春寒流易使蕾薹受冻；花期不利的气象条件易造成落花、落角和病害倒伏；角果成熟期则可能出现高温逼熟，使粒重降低，影响产量。

4.1.2.3 大豆

我国大豆分布极广，从黑龙江到海南岛，从山东半岛到新疆伊犁盆地均有大豆种植，尤以黄淮海平原和松辽平原最为集中。根据自然条件、栽培耕作制度，我国大豆主要划分为5个栽培区：北方一年一熟春大豆区、黄淮流域夏大豆区、长江流域夏大豆区、长江以南秋大豆区以及南方大豆两熟区。

大豆是喜光作物，且对日照长度反应极为灵敏。作为一种喜温作物，不同品种在全生育期内所需要的大于等于10℃的活动积温相差很大，春季当播种层的地温稳定在10℃以上时，大豆种子开始萌芽；夏季平均气温在24~26℃，对大豆植株的生长发育最为适宜。大豆产量与降水量的多少也有密切的关系，东北春大豆区，大豆生育期间的降水量在600 mm左右时，产量最高；而黄淮海夏大豆区，6—9月降水量在435 mm以上即可满足大豆生长的需求。

不同种类的气象灾害对大豆的影响不尽相同。大豆生育需要较多水分，生育期遇旱，特别是开花结荚期和鼓粒期遇旱，将使大豆减产严重；当遭遇低温冷害时，将使大豆延迟发育，生长不良；苗期雹灾将会破坏大豆的生长点，并且不能恢复生长。

4.1.3　糖料作物与气象

4.1.3.1　甘蔗

中国地处北半球，甘蔗分布南从海南岛，北至陕西汉中地区，地跨纬度15°；东至台湾东部，西至雅鲁藏布江，跨越经度达30°，分布范围相对较广。主产蔗区主要分布在北纬24°以南的热带、亚热带地区，包括广西、云南、广东、海南、福建、台湾、四川、江西、贵州、湖南、湖北、浙江等南方12个省、自治区。

甘蔗生长的快慢、产量的高低和含糖量的多少，与气候条件有密切的关系，尤以受温度和水分的影响最大。蔗芽萌发的最低日平均温度在13 ℃以上，25～30 ℃的日平均温度对分蘖最为适宜。在蔗茎伸长期对水分的需求量很大，土壤需保持田间最大持水量的80%～90%为宜。而在工艺成熟期需要冷凉、干燥且晴朗无霜冻的天气，对甘蔗糖分的积累最为有利。

甘蔗是热带和亚热带作物，低温霜冻会对蔗糖生产造成极其严重损失。不同时期的干旱将分别影响蔗芽出苗、分蘖、伸长等生理过程，不利于甘蔗生长发育和产量的形成。当然，每年不断出现的热带风暴对沿海蔗区也会产生重要的影响。其他类灾害，比如冰雹，常把甘蔗叶子打成粉碎状，影响甘蔗的光合作用。

4.1.3.2　甜菜

甜菜在北纬30°～60°和南纬25°～35°的地带均可种植，我国的甜菜产区主要分布在北纬40°以北的东北、华北和西北地区。

甜菜全生育期的最适积温约3000 ℃，其正常发芽的最低温度为4～5 ℃，当日平均气温达到20～25 ℃时，叶子生长迅速，有利于甜菜形成繁茂的叶丛。甜菜块根的生长随温度的升高而加快，当日平均温度达20 ℃时，块根开始迅速生长，以后随着气温下降，块根生长缓慢。甜菜是长日照作物，适于甜菜生长的日照时数为10～14 h。甜菜对水分的需求随生育期不同而发生显著的变化，苗期，叶面积指数较小，需水少，在7—8月的繁茂期对水分的需求量较大，当土壤含水量为18%～20%时，最适合甜菜块根的生长。

从甜菜生长的不利条件来看，甜菜遭受冻害的风险较大，在需水旺期，也可能受到干旱的威胁。

4.1.4 其他类经济作物与气象

4.1.4.1 烟草

烟草起源于中南美洲，属于茄科烟草属，根据烟草的调制方法和烟叶的质量特点，可以将烟草分为烤烟、晒烟、晾烟、白肋烟、香料烟和黄花烟。我国烟草的分布以烤烟面积最大，产地较为集中；晾晒烟面积较小，产地较为分散；白肋烟和香料烟面积小，但产地集中。西南部烟区主要包括云南、贵州和重庆，以及川南、湘西等地，是我国的第一大烟区，并以云南烤烟品质最好；黄淮海烟区种烟历史悠久，是我国目前的第二大烤烟产区。

烟草的生长发育对温度有较高的要求，其生长的生物学下限温度为 10 ℃，最适温度为 25~28 ℃，最高温度为 35 ℃。烟草正常完成其生命周期需要一定的积温条件，一般大田期大于 10 ℃的积温应在 2600 ℃以上。烟草生长需要充足的光照条件，光照不足，影响光合速率，但光照过强，将影响烟草的品质。烟草耐旱怕涝，一般烟草大田生育期内需要 400~500 mm 的降水方能满足生长发育的需求。

干旱、连阴雨、冰雹、台风以及短时强对流天气都将对烟草的生长发育产生重要的影响。

4.1.4.2 茶叶

中国是茶叶的故乡，种茶历史悠久，中国茶的产区幅员辽阔，南自海南岛，北至山东蓬莱，西自西藏林芝，东至台湾都有茶树的种植。根据生态环境、茶树品种、茶类结构等可将中国划分为四大茶产区，分别为华南茶区、西南茶区、江南茶区、江北茶区。其中，江南茶区气候、土壤等自然环境适宜茶树生长发育，是茶树生态适宜区，有利于茶叶产业化发展，茶叶产量约占全国总产量的 2/3，是全国重点茶区。

气温是影响茶树生长发育最为突出的气候生态因子，一般认为茶树生长的适宜气温为 15~30 ℃。茶树是一种短日照植物，具有耐阴的生理习性，喜漫射或散射光，光质、光照强度和光照时间能够影响茶树生理代谢，进而影响茶叶产量和品质。茶树在生长发育过程中需要消耗大量的水分，适宜茶树栽培的地区，年降水量必须在 1000 mm 以上，最适宜的降水量为 1500 mm 左右。

气象灾害是制约茶叶生产并影响其品质的主要因素。中国的茶区每年都会遭受不同程度的冻害，使得茶树的生理机制受到破坏，产量降低。当茶树遭遇旱热害时，茶树数顶萎蔫、生育无力、降低茶叶的品质和产量。

4.1.4.3 其他经济作物

其他经济作物，如油茶、中药材等，在国民经济中也占有重要的地位，考虑到篇幅的显著，此处不再进行一一描述，可针对不同区域盛行的不同经济作物，查阅相关文献进行了解。

4.1.5 经济作物气象服务主要内容

4.1.5.1 农业气象灾害监测、预警与评估

农业气象灾害监测与诊断：选择对当地经济作物生产影响较大的农业气象灾害，以地面观测信息判别分析为主，经过灾害指标判别、模型诊断，并综合分析多源卫星遥感信息和地面实况调查资料，分析干旱、洪涝、低温、高温热害等经济作物主要气象灾害变化特征，进行重大农业气象灾害客观化监测与诊断。

农业气象灾害预报预警：按照预警标准和规程，发布农业气象灾害发生时间、影响范围、危害程度等不同时效的预报预警。

农业气象灾害评估：及时进行气象灾害调查，客观评估农业气象灾害对大宗经济作物的影响，对气象灾害损失进行灾中跟踪评估与灾后评估。

病虫害发生发展气象条件预报：选择对当地经济作物影响较大、发生频繁的农林病虫害，根据病虫害发生发展气象条件等级指标，开展定期或不定期的病虫害发生发展气象条件等级预报。

4.1.5.2 农用天气预报

针对当地经济作物生产主要农事活动需求，制作农用天气预报。主要针对经济作物播种、施肥、中耕、喷药、灌溉、收获等各种农事活动对天气条件的要求，开展 1~5 d 的农用天气预报服务，逐步拓展中长期的农用天气预报服务。针对大宗粮棉油作物生产的需要，开展作物适宜播种期、收获期与重要发育期的物候期预报，开展农田土壤墒情动态预报和节水灌溉预报。

4.1.5.3 产量预报

开展经济作物的产量预报。根据通过遥感技术监测到的播种面积，在对年度气候背景预测的基础上，开展经济作物年景精细化预报。在年末提供翌年或年初提供当年的农业生产整体形势丰平歉预报，开展大宗粮棉油单项作物的农业年景预报，针对林果、蔬菜、花卉、药材等地方经济作物，定期制作并发布经济作物农业产量预报。

4.1.5.4 农业气象情报

根据地方经济作物特点，针对经济作物生产、管理、加工和贸易等需求，开展基础农业气象情报和全程性、多时效、多目标、定量化的现代农业气象情报服务。

基础农业气象情报：以旬报（周报）、月报为主，根据需要为经济作物生产提供墒情、雨情、灾情、农情等单项情报服务，必要时开展日报、年报服务。

作物生产全程性、系列化农业气象情报：以本地区大宗经济作物和规模化生产的经济作物为主要对象，在备耕播种、关键生育期、收获过程和储运加工等全过程，连续进行农业气象条件、重大天气气候事件对其"高产、优质、高效、生态、安全"影响的分析鉴定、诊断评价，开展经济作物产前、产中和产后的全程性、系列化专项农业气象情报服务。例如：生育期农业气象条件评价，要分析生育期的总积温量、降水量、日照时数等气象要素，对照经济作物最佳生育气候条件，得出当年气候条件对经济作物生长的利弊，并进一步分析得出当年经济作物的单产和品质。也可以根据经济作物生长发育特点，分生长不同阶段对气象条件进行分述和总述。

4.2 经济作物气象服务实例：宁夏枸杞炭疽病农业气象服务

4.2.1 背景介绍

枸杞果实是名贵的中药材和保健品。宁夏是中国最古老的枸杞原产地，宁夏枸杞是当地特色产业的知名绿色产品，以枸杞为原料的药物和保健食品占国内产销量的 70% 以上，并远销欧美、日韩及东南亚，深受国内外欢迎。

枸杞炭疽病（俗称黑果病）是由胶孢炭疽病原引起的一种毁灭性真菌病害，对枸杞产量和品质影响很大，使果实不能食用和入药。严重发生年份病果率可达 60%，产量损失 50% 以上，由于品质低劣，所以价格暴跌。

气象条件对枸杞炭疽病的发生、发展起着关键作用。一次较大的降水，如果持续时间较长，有可能引起枸杞炭疽病的大发生。根据气象条件预报枸杞炭疽病发生、发展、传播和流行程度，可以为提前防治争得先机，对减少损失非常有利。

2003 年，在科技部资助下，宁夏气象科学研究所开展了"宁夏枸杞黑果病发生和暴发流行的农业气象预报方法研究"，从炭疽菌分离、鉴定开始，经人工气候箱实验，鉴定了枸杞炭疽菌的生物学特性和不同组织侵染气象条件；通过田间接种后模拟不同降水天气、降水量、气温、日照下的诱发试验，研究了炭疽病田间侵染规律、发病和暴发流行的气象指标；建立了监测预警气象模型，并找到了综合防治技术。2006年开始，该成果被投入业务服务，发布枸杞炭疽病发生趋势预报和短临气象预警，大大减少了农户的病害损失。

4.2.2 农业气象原理

4.2.2.1 枸杞炭疽菌生存的适宜温湿度

枸杞炭疽病原菌适宜温度范围为22~31℃。22~34℃条件下孢子6 h即可萌发，22~25℃产孢量最大。10℃以下，40℃以上均不能正常产孢、萌发。枸杞炭疽病原菌对湿度要求较严格，相对湿度90%以上孢子迅速萌发，60%以下基本不萌发。连续光照对菌丝生长和产孢有利。枸杞炭疽病原菌孢子在气象条件适合时6 h就可萌发，适温下枸杞炭疽病原菌可在极短的时间内萌发、生长和繁殖。宁夏属西部干旱地区，但出现阶段性降雨仍较多，只要叶面保持6 h以上充分湿润，就有发生炭疽菌侵染的可能。

4.2.2.2 炭疽菌侵染枸杞组织的气象条件

在20~32℃条件下，炭疽病原菌接种孢子对花、叶、果均可造成侵染，而以28~32℃侵染速度较快，以28℃发病率最高。相对湿度在76%~92%条件下，叶、花、青果、红果24 h均可被侵染，以92%湿度侵染速度最快。夏季雷雨天气常常伴随一定风力，植株摇曳使枸杞产生伤口，在雨水飞溅下受创枸杞更易被侵染，加重病情。

4.2.2.3 枸杞炭疽病田间扩散的小气候条件

田间从孢子侵入病果发病为4~6 d，田间流行的气象条件是相对湿度达到90%以上，持续降雨超过6 h，日平均温度高于22℃。温度越高，湿度越大，枸杞炭疽病发生程度越严重。一旦遇到6 h以上的降水天气过程，且平均气温较高，炭疽病就可能暴发。因此，6月中旬至7月中旬发病时是及时防治的关键。

4.2.2.4 枸杞炭疽病发生程度的农业气象指标

田间叶片和果实保持一定的湿润持续时间是孢子萌发入侵的关键条件。相对湿度大于90%的持续时间越长，其间平均温度越高则发生枸杞炭疽病侵染的程度越严重。当日平均气温高于22℃，最高气温高于28℃，田间叶片和果实保持湿润时间超过6 h时或降水量为5~10 mm，枸杞炭疽病发生较轻微。

当降水量超过 10 mm 或连续降水天气超过 6 h，日平均气温高于 22 ℃，田间炭疽病明显发生；当降水量超过 20 mm 或连续降水时间超过 12 h，气温在适宜范围内，田间炭疽病流行，受害率超过 50%；降雨量 40 mm 且雨日 12 h 以上，炭疽病暴发流行，50%～80% 的果实被侵染或变黑。当极端最高气温达到 40 ℃以上，炭疽菌孢子活力迅速下降，超过 45 ℃以上则死亡。

4.2.3 技术方法要点

4.2.3.1 枸杞炭疽病发生程度的早期农业气象预报

农业生产上需要在果实成熟前 1 个月以上了解当年发病趋势，具有一定时效性的早期预报十分重要。为此，用枸杞炭疽病病情指数与其发生流行前 40 d 内的气象要素进行因子相关分析，分析其生物物理意义，建立枸杞病情指数与气象条件的最优回归方程。

$$\hat{P} = 35.035 + 0.236R_{35} + 1.171D_{R_{35}} + 1.965S_{35} - 2.41V_{35} \tag{1}$$
$$R = 0.94，F = 21.344$$

式中：$\hat{P}$为枸杞夏果成熟期病情指数，按照植物病理学方法对枸杞炭疽病的严重度分级，再依式（2）计算各样品的病情指数（P）：

$$P = \frac{\sum_{i=0}^{N}(n_i\delta_i)}{N\sum_{i=0}^{N}n_i} \times 100 \tag{2}$$

式中：δ_i为病情分级指数；N为严重度级数；n_i为各级样品数；R_{35}、DR_{35}、U_{35}、S_{35}、V_{35}分别为夏果成熟前 35 d 内降水量、降水日数、相对湿度、日照时数和平均风速。

实际应用时，根据当年出现的气象条件实况估算任意时段枸杞炭疽病病情指数，进而估算病情和病害损失。也可根据短期气候预测和中期气象预报进行枸杞炭疽病早期预报。

4.2.3.2 枸杞炭疽病发生程度的短临气象预警

根据试验研究结果，如果能够提供有效的防治时机、防治措施和药剂配比，可以提高产量与品质，减少枸杞种植户的经济损失，也可帮助产品深加工、收购和销售等流通领域提高收益。因此，开展了枸杞炭疽病短临气象预报警报（5~7 d）。按照病情程度将炭疽病分为5级，确定枸杞炭疽病发展不同阶段的气象指标（表4.1）。在实际业务中，根据这些指标，结合短期数值天气预报产品，制作枸杞炭疽病发生与暴发流行的短临气象预警服务产品。

表4.1　炭疽病严重程度的农业气象分级指标

发病阶段	病情	不发生	轻微发生	发生	较重发生	严重发生
	等级	1	2	3	4	5
	病害程度	≤ 5%	6% ~19%	20% ~50%	> 50%	> 80%
菌落生长	温度 / ℃	< 10，> 37	10~12，36~37	13~17，35~36	18~21，31~34	22~31
	相对湿度 /（%）	< 80	80~90	80~90	80~90	> 90
产孢	温度 / ℃	< 10，> 37	10，35~37	11~12，32~34	13~21，26~31	22~25
	相对湿度 /（%）	< 80	80~90	80~90	80~90	> 90
孢子萌发	温度 / ℃	< 10，> 40	11~15，39	16~18，38	19~24，35~37	25~34
	相对湿度 /（%）	< 80	80~90	80~90	80~90	> 90
	时间 /h	—	48	24	24	6
侵染	温度 / ℃	< 20，> 35	20~21，35	22~24，34	24~27，33	28~32
	相对湿度 /（%）	< 75	76~80	81~85	86~90	> 90
	时间 /h	—	72	48	24	6
流行	温度 / ℃	< 16	16~17	18~19	20~21	> 22
	最高气温 / ℃	< 20，> 35	20~21，35	22~24，34	24~27，33	28~32
	相对湿度 /（%）	< 75	76~80	81~85	86~90	> 90
	降水 /mm	< 5	5~10	10~20	20~40	> 40
	降水时间 /h	< 6	> 6	> 6	> 6	> 12

4.2.4 推广与服务

宁夏气象局农业气象服务中心以枸杞炭疽病气象预报和短临气象预警为主要内容开展枸杞生产气象服务。2006 年起每年在枸杞生长期内进行枸杞炭疽病暴发和流行的气象条件监测。及时撰写制作枸杞炭疽病暴发和流行短期农业气象预警报告，通过农业气象专题、决策服务材料、宁夏农网、气象短信服务等向政府领导、相关部门和广大农户提供预警信息服务。

枸杞炭疽病发生、暴发流行的农业气象预警服务可使各级生产管理部门提前 1 周得到枸杞炭疽病将要发生的预报，及时组织开展联防。对广大枸杞生产经营者来讲，在发生前 1 周内，及早开展防治，能及时控制枸杞炭疽病的发生和蔓延，极大地改善了枸杞品质，减少产量损失，取得最直接的防灾减灾效益。

2006 年 7 月 14 日出现暴雨后及时发布了枸杞炭疽病暴发的预报警报。自治区政府直接召开会议布置了防治工作，使炭疽病的影响得到一定程度的控制，大大减少了农民的经济损失。2007 年 6 月 15—22 日，引黄灌区出现了持续低温阴雨天气，6 月 19 日及时发布了《枸杞黑果病发生监测预警与防治对策》，除作为决策材料报送自治区政府外，通过气象短信向全区 50 多万手机用户发送了警报，实现了直接面向农民的服务。政府召集农牧厅、林业厅、植保总站布置联合防治。宁夏电视台在《塞上农家》节目进行了采访，网易、宁夏信息港、宁夏网等主要网站也纷纷转载预警，相关部门紧急采取措施，处置已经发布的病害预警。中宁县当天对全县枸杞展开了发病情况普查，县枸杞产业管理局配合县广播电视局播发相关的用药种类及具体的配方和施用方案。及时、准确的预警和防治建议发挥了巨大作用。往年在遇到这种天气后，枸杞收购价往往从 14 ~ 16 元 /kg 跌落到 8 ~ 10 元 /kg，由于防治及时，收购价不仅没有大跌，反而有所上扬。按照中宁县防治 8700 hm² 计算，比常年增加产值 750 万元。按照宁夏目前 3.3 万 hm² 枸杞初步估算，比常年增加产值 2885 万元。如考虑减少炭疽病造成的价格剧烈下跌所造成的损失，宁夏枸杞产业当年避免病害损失约 5.4 亿元，防灾减灾效益比较明显。

5 特色农业气象适用技术

适用技术不是一种固定的技术实体，而是一种达到特定目标的发展技术的途径，是一种确定技术发展方向的指导思想。它是一种从本国、本地区的实际情况出发，把技术目标、经济目标、社会目标和环境目标整合起来进行技术选择的理论。

所谓特色农业气象适用技术，是指适合本地特色农业生产，面向广大农业生产者解决农业生产中的气象、栽培、植保等问题，提高作物产量、品质和防灾抗灾能力，促进农业经济增长和发展的气象技术。它可以是先进技术、尖端技术，也可以是适用的中间技术或原始技术。

5.1 特色农业气象适用技术概述

5.1.1 特色农业气象适用技术的获取及认定

特色农业气象适用技术是根据当地的农业气候资源和特色农业产业结构特点，紧密结合当地农业生产发展实际，在农业气象试验站、农业气象基本站、农业气象科技示范园及农业气象科技示范基地的试验研究、示范推广及引用本地化的基础上，从气象角度入手，对相关特色农业技术的总结、提炼而形成的适用技术。主要过程包括：

(1) 特色农业生产中农业气象问题的提出。

(2) 针对问题设计方案，开展对比观测和试验研究。

(3) 进行试验结果分析，得到试验结论。

(4) 进行示范应用和适应性分析。

(5) 总结、提炼，形成成熟技术。

(6) 大范围推广应用。

适用技术的来源（图 5.1）首先应该是通过中国气象局《中国气象局科学技术成果认定办法（试行）》或者是各省气象局《科学技术成果认定办法（试行）》认定的科技成果。在省内推广应用的需通过省气象局《科学技术成果认定办法（试行）》的认定，如果推广应用范围大于 1 个省，需通过《中国气象局科学技术成果认定办法（试行）》的认定。通过各级认定的科技成果，经过中试、转化、试应用后形成的相关技术，还应该具有以下特点，才能认定为适用技术。

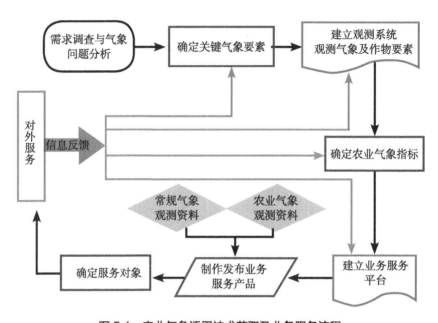

图 5.1　农业气象适用技术获取及业务服务流程

（1）农业气象适用技术一般不存在科学上不清楚的理论问题。而它存在的难点多表现在关键技术、方法手段、工艺流程、操作水平，乃至资金设备等方面。因此，它具有普及性和突破性。

（2）一些农业气象适用技术不需要很复杂昂贵的设备和高额的研究费用。

（3）农业气象适用技术开发不一定非要有专业化的科研机构。

（4）开发农业气象适用技术的地理区域比较灵活，它的情报信息的传递迅速、简便，交流推广也不太困难，便于使用者掌握。

（5）农业气象适用技术的经济价值显著，可使技术成果迅速转化为商品。

（6）农业气象适用技术具有大农业的特点。它不仅有气象科技含量，而且有农业、经济、管理、贸易等科技含量。因此，它具有外延到集团化、工厂化、集约化的可能和机遇。

农业气象适用技术与一般农业气象科学研究有以下区别：

（1）研究的重点角度不同。一般农业气象科学研究着重研究农业生产与气象条件的关系以及关系中的理论机制，并从气象科学角度提出建议，以解决农业生产中的气象问题，而农业气象适用技术着重研究农业与气象关系中的实用技术。

（2）研究方法不同。农业气象科技主要运用科学研究的方法，如分期播种法、地理播种法、室内模拟法、数理统计法等；而农业气象适用技术主要运用生产性开发性的技术处理措施，这些措施要和工艺流程、设备改造、原材料更新、环境改善、产供销衔接、市场机制等有机联系。

（3）服务方式和手段不同。农业气象科技服务侧重于决策建议，如减灾防灾，趋利避害等，而农业气象适用技术主要采取开发和推广的方式做出榜样进行示范，让群众看到效益，跟着效仿。

（4）产品不同。农业气象科技主要产品是论文、专著、资料、软件、建议等科研成果，而农业气象适用技术的主要产品是具有直接经济价值、可流通的商品。有些软件或音像产品，如果是用适用技术手段获得的，具有商品价值的，也可算是适用技术产品。

5.1.2 特色农业适用技术的推广应用

要使特色农业气象适用技术真正发挥其经济效益，最关键的一步就是如何做好推广应用工作，主要有以下几个步骤。

（1）政策到位，规划先行。各级气象部门，要在充分调研基础上，紧密结合国家政策，立足地方气候资源和农业发展特色，及时制订出鼓励和发展特色农业气象适用技术的政策和目标规划。

（2）选准项目，联合攻关。选准恰当的特色农业气象适用技术项目，突破重点，带动一般，对于提高特色农业气象适用技术的社会经济效益，促进其向纵深发展，是至关重要的。一旦目标确定，广大科技人员齐心协力，联合攻关。

（3）敢于实践，打破常规。由于开发推广是一项较新的工作，又要求较高的经济效益，还要去攻克技术难关，因此要有敢于实践，勇于创新的精神。

（4）依托实体，因地制宜。特色农业气象适用技术因为有直接创造商品的特点，所以就具备了依托经济实体的条件，可以根据本地的实际情况，选择并依托不同类型的实体，因地制宜，推广范围可大可小，不搞"一刀切"。

（5）抓好典型，吸引资金。要搞好特色农业气象适用技术的开发推广，必须要有一定的资金投入。可先用少量资金，集中优势兵力，在相对短的时间内，搞出一批高质量高效益的农业气象适用技术产品，让社会上看到农业气象技术适用的潜力，才能吸引更多资金。将农业气象适用技术的一流产品扩大再生产，增强自我发展能力，就会形成资金投入的良性循环稳定运行体系。

5.2 典型特色农业气象适用技术

5.2.1 桂南冬种马铃薯稻草免耕高产节水省时省工技术

5.2.1.1 背景介绍

我国是世界马铃薯生产大国，种植分布极其广泛，从北到南超过 20 个省区均有种植。广西玉林市地处低纬，北靠大陆，南临热带海洋，属于南亚热带季风气候，历史最冷月 1 月平均气温 12.3 ~ 13.5 ℃，平均无霜期 354 d，比较适合冬季马铃薯生长。近年来，玉林市把发展冬季马铃薯种植列为不与粮食争耕地的冬季特色农业来抓，为农民增收闯出一条新的途径，迫切需要一个比较成熟的冬季种植马铃薯的高产高效新技术。

根据玉林市农村劳动力缺乏，稻草资源丰富的情况，2006 年玉林市气象局与玉林市农业技术推广站合作研发出了冬季稻草免耕马铃薯种植技术。该技术以其高产、保温、节水、省工、省时等突出优势受到了广大群众和市领导的一致好评。

"桂南冬种马铃薯免耕高产节水省时省工技术"主要包括适宜品种和播量、适宜播种期及其农业气象指标、越冬霜冻防治、关键需水施肥期、化控药剂及适用量、种植区划等技术规程和农业气象服务指标。

5.2.1.2 农业气象原理

发挥稻草覆盖的增温、保墒、保肥、抑制杂草作用，为秋冬马铃薯生长发育创造一个光照适中、冷凉适温、疏松透水透气、养分充足等的良好环境。稻草免耕技术播种时只需将薯块直接放置在地上，免除土地翻耕，收薯时只要掀开稻草就可以收获了，免除了收薯时挖地，这样节省了人力物力。

5.2.1.3 技术方法要点

（1）播前土地准备。选择土层厚，肥力中上等的水稻田，杂草要少，排灌良好，前茬晚稻收获后 1 周内播种。灌好底墒水：播种前要淋透水。

（2）播期、生长气象指标。冬种马铃薯的适宜播期指标为：日平均气温 16.6～19.9 ℃，11 月为适宜播种期，晚稻收割后 1 周内土壤墒情较好时及时播种；播种后 10 d 内遇连续 3 d 以上阴雨天气，土壤相对湿度＞80% 时要及时开沟排水，否则容易积水烂种。当温度≥30.0 ℃或≤7.0 ℃时马铃薯茎叶停止生长；当温度＜5.0 ℃时，茎叶有受冷害症状，温度越低，受害程度越重，一般晴天比阴雨天受害程度重。

（3）品种、播量及稻草量确定。

选用品种：黑龙江 K3 紫花。

在播种前先进行晒种 1～2 d，让种薯表面接受阳光发绿后，用一定浓度的 "920"（先用酒精溶解 1 g "920" 后兑清水 50 kg）溶液浸种薯 15 min 或均匀喷湿种薯再晾干，然后堆放在通风避雨处，加盖细湿沙 5～10 cm 催芽，以带 1 cm 长度的壮芽播种为佳。一般选用 20～30 g 的种薯整块种植。大种薯应切块，每块要有 1～2 个健壮的芽、纵切切口距芽 1 cm 以上，切块形状以四面体为宜，避免切成薄片。切块可用 50% 多菌灵可湿性粉剂 250～500 倍液浸一下，稍晾干后拌草木灰，隔日试用。

播量：亩播种量为 5000～6000 株，行距 35～40 cm，株距 30 cm，厢边各留 15～20 cm 不播种。种植时，将种薯或芽块按规格摆放厢面，芽眼侧向或向上，并顺手抓土盖种块，以利扎根出苗。播种时稻田要挖畦开沟，一般畦宽为 1.4～1.5 m、沟宽 0.2～0.3 m、深 0.15～0.2 m。开沟挖起来的泥土敲碎并均匀地铺在畦面上，使畦面呈弓背形，以利排除畦面积水。

施肥盖草：播种后一次性施足肥料，亩施氮、磷、钾比例为 1∶0.5∶2.0，亩产马铃薯 1500 kg 用氮 10.5 kg、磷 5.25 kg、钾 21 kg 或亩用三元复合肥（含 N 15%、P_2O_5 15%、K_2O 15%）70 kg。肥料宜撒施于距种薯 5 cm 以上的行株距之间，不能接触种薯。施肥后土壤过干要湿淋定植水，接着在厢面（或种行面上条盖）均匀地盖上 7～8 cm 厚度的稻草并全程严防漏光。

（4）田间管理。

①覆土压稻草。播种后立即检查稻草是否压实压好，沟上起泥压实压好稻草，防止风揭稻草，阳光透射薯块影响品质。

②出苗期注意排水，防止烂种。播种后 10 d 内遇连续 3 d 以上阴雨天气，

土壤相对湿度＞80% 及时开沟排水，减少烂种确保马铃薯的出苗率。各农户在发现有烂种情况出现时应及时补种。

③水分管理：马铃薯苗期有一定抗旱能力但怕渍，土壤相对湿度在 60% 左右为好，注意做好排水。现蕾开花期需水量较大，土壤相对湿度在 80% 左右为好，要确保土壤湿润，防止缺水，如遇久晴无雨，及时灌半沟水渗透湿润；盛花期后，需水量逐渐减少，土壤相对湿度在 60%~65% 为宜。块茎逐渐成熟时，土壤相对湿度在 60% 左右为宜，做好排水避免水分过多。

④霜冻防护措施。当在 2.0 ℃ ≤ 日最低气温＜5.0 ℃时，马铃薯生长点叶片开始枯萎，呈烫伤状，属于轻度霜冻为害。如果出现此类霜冻天气过程，可在出现霜冻前 1 d 熏烟增温，霜冻后及时喷药防病和喷施叶面肥恢复生长；当在 1.0 ℃ ≤ 日最低气温＜2.0 ℃时，马铃薯全部叶片会凋萎、变褐，属于中度霜冻为害。如果出现此类霜冻天气过程，可在霜冻前 1 d 进行黑膜覆盖加熏烟增温能起到较好效果，霜冻后及时喷药防病和喷施叶面肥促进恢复生长；当日最低气温＜1.0 ℃时，马铃薯茎秆软化、变黑，属于重度霜冻为害，建议及时收薯尽量减少损失。

⑤加强对马铃薯晚疫病防治。当日平均气温 ≥ 20 ℃、平均空气相对湿度 ≥ 78%、日照平均时数 ≤ 1 h，连阴雨天数 ≥ 6 d，容易出现马铃薯晚疫病。当田间出现中心病株时，立即清除中心病株，喷洒 1%~2% 硫酸铜液，每 7 d 喷 1 次，连续喷 2~3 次。

⑥抢晴收薯。玉林市收薯一般在 2 月底 3 月初，这段时期阴雨天气多，阴雨天气会影响其贮藏运输，因此收薯前要密切关注天气变化，及时抢晴收薯。若出现 ≥ 3 d 连阴雨天气，过程降水量 ≥ 25 mm、土壤相对湿度 ≥ 80%，不宜收薯。

5.2.1.4 服务与推广方法

由玉林市农业技术推广站与玉林市气象局合作，进行技术的试验示范推广。

(1) 玉林市农业技术推广站组织召开现场会，在播种、施肥、覆盖稻草等关键时期进行现场观摩，把握好关键技术，以确保示范工作的成功。

(2) 气象局负责发布播种、收获等关键农事活动适宜期预报，根据生长发育进程，密切关注冬种马铃薯生长状况，观测试验示范地段地温、地面最高最低气温、土壤湿度等气象要素资料数据，农业气象服务技术人员深入示范推广点进行及时的指导和技术的培训。

（3）各县农业技术推广站负责协调在各乡镇示范工作，确定示范户和示范地块。

5.2.1.5　推广效益和适用地区

（1）推广效益。

①经济效益情况。该技术迅速得到了大力推广，2008 年玉林市试验示范面积为 32.22 万亩，平均亩产马铃薯为 1686.5 kg，比常耕栽培增产 369.7 kg；按马铃薯市场价 1.4 元 /kg，新增产值（新增产值 = 新增马铃薯总产 × 马铃薯单价）为 16676.57 万元。马铃薯稻草免耕栽培每亩能节约支出额（节约支出额 = 减少翻耕整地成本 + 节工费 – 稻草成本 ≈ 69.3 元 / 亩）为 2232.85 万元，增加节支总额（增加节支总额 = 新增产值 + 总节支金额）为 18909.42 万元。其与玉林市农业技术推广站合作的"冬季免耕马铃薯增产的气候优势论证及最佳播种期气象依据探讨试验研究开发"获得玉林市人民政府科学技术进步二等奖。马铃薯免耕栽培不用犁耙田、中耕施肥除草和挖掘采收，大大降低了劳动强度，节省劳动力。

②社会、生态效益情况。冬种马铃薯稻草免耕栽培技术为当地充分利用冬季气候资源、帮助增加农民脱贫致富探索了一条成功之路。免耕栽培可减少机耕燃油能量和机耕燃烧柴油造成的空气污染；免耕田块不作翻耕处理，有利于保护土壤结构，特别是腐殖质层，有利于提高土壤总孔隙度，改善透水透气性，有利于减少水土流失，改善土壤耕层结构；稻草和马铃薯茎叶还田利用，提高土壤有机质，培肥地力，用地养相结合，实现农业可持续发展。

（2）适用地区。

①适用区。广西玉林市晚稻种植排水方便的地区；广西玉林市劳动力缺乏，但希望冬种马铃薯增收的地区。

②不适用区。广西玉林市排水不畅的低洼地区、广西玉林市霜冻为害严重山区或偏北地区。

5.2.2　长春地区日光大棚多层覆盖香瓜高产栽培技术

5.2.2.1　背景介绍

长春地区大棚香瓜种植面积 1000 多公顷，其中德惠占 220 多公顷，日光大棚多层覆盖香瓜是德惠市设施农业种植的主要经济作物之一。德惠的"布海香瓜"已成为瓜菜产业中闻名遐迩的品牌，在全国的 20 多个大中城市热销，覆盖吉林、黑龙江、内蒙古等省份，部分产品还远销韩国和俄罗斯。香瓜生产已成为布海镇的主导产业之一，其中大棚香瓜种植规模达到 1200 多栋，年产值 6000 万元左右。其规模化、标准化和品牌化发展之路，不仅拉动了当地经济，也大大提高了土地效益。香瓜具有强大的根系，有较强的适应能力和抗逆能力，生长发育的适宜温度为 18~25 ℃，开花结果的适宜温度为 22~25 ℃。气象灾害对大棚香瓜危害较重，每年春季（3—5 月）阶段性低温寡照及强寒潮天气对香瓜定植和幼苗生长影响很大，在高温多雨季节易发生病虫害，因此瓜农对气象灾害防御和气象服务的需求愈加强烈。

日光大棚多层覆盖香瓜高产技术是以本地气候资源为基础，发挥覆盖膜的增温保墒作用，充分利用早春的热量和光照条件，使香瓜能在比较寒冷的季节生长，提前上市。同时在大棚香瓜全生育期提供精细化气象服务和气象防御技术，使瓜农有效防御病虫害及不利气象条件带来的影响，进而增加收入。日光大棚多层覆盖香瓜种植技术在长春地区、松原地区和吉林地区等进行了大面积示范推广。

5.2.2.2 农业气象原理

香瓜喜温耐热，极不抗寒。没有防寒设施，一般情况下能抵御 –6 ℃ 的低温天气，如果夜间最低气温在 –8~–7 ℃，持续时间不超过 2 h，对香瓜苗影响不大，如果持续时间长，则需要采取增温措施。日光大棚多层覆盖由地膜、小拱棚、中间层、外层共 4 层塑料薄膜覆盖，具有增温保墒作用，使香瓜能在比较寒冷的季节生长，比露地香瓜提前 45 d 左右上市，充分利用了早春的热量和光照条件。根据气温变化，调控棚内温湿度，利用增温块、熏烟法等措施防御低温天气带来的影响。

5.2.2.3 技术方法要点

（1）香瓜发育期及田间管理香瓜的生长发育过程可分为发芽期、幼苗期、伸蔓期和结瓜期。

发芽期：从种子萌动到子叶展开为发芽期。发芽期的长短主要与温度有关，正常情况下为 5~10 d。

幼苗期：从子叶展开到第五片真叶出现为幼苗期，需 20~25 d。此期是花芽分化期，幼苗期结束时，茎端约分化 20 节。在白天气温 30 ℃、夜间 18~20 ℃、12 h 日照的条件下花芽分化早，开花节位较低。注意提高地温，疏松土壤，使幼苗健壮。

伸蔓期：从第五片真叶出现到第一结瓜花开放为伸蔓期，需 25~30 d。管理上要做到促、控结合，既要保证茎叶的迅速生长，又要防止茎叶生长过旺，为开花结瓜打下良好的基础。

结瓜期：从第一结瓜花开放到瓜成熟为结瓜期。早熟品种为 30 ~ 40 d，晚熟品种为 60 ~ 80 d。该期可分为结瓜前期、结瓜中期和结瓜后期。

结瓜前期：从第一结瓜花开放至幼瓜开始迅速膨大，需 5 ~ 7 d。管理的重点是促使植株坐瓜，防止落花、落瓜。

结瓜中期：从幼瓜迅速膨大到停止增大，此期是产量形成的关键时期。管理重点是加强肥水管理，保证有充足的水分和养分供给幼瓜生长。

结瓜后期：从瓜停止膨大至成熟，此期植株的根、茎、叶生长逐渐停滞，瓜基本定形。管理上要保叶促根，防止茎叶早衰或感病。控制浇水，以提高瓜的风味和品质。

（2）香瓜的病虫害。主要病害种类有炭疽病、白粉病、疫病、蔓枯病、枯萎病。主要虫害种类有蚜虫、红蜘蛛、蝼蛄、潜叶蝇、蓟马虫。

病害的发生常与棚内的温湿度高低密切相关。因此，在香瓜开花坐果阶段要加强棚内温湿度的控制，减少病害的发生和蔓延。要加强巡视，在病害发病初期及时进行药剂防治，确保香瓜正常生长。一般情况下，春茬香瓜基本上没有病虫害发生，二茬瓜发生较重，需要特别注意加强防治。

（3）香瓜定植后的田间管理。多层覆盖日光大棚栽培的香瓜在 3 月中旬末至 4 月上旬分批次进行定植，由于这个时期外界气温较低，时常有寒流侵袭，定植时需用地膜加小拱覆盖，夜间再盖上 2 层纸被。

主要包括整枝摘心、引蔓、授粉、选瓜、肥水管理、棚内温度、湿度管理及病虫害防治等。大棚香瓜如果不搭架，则主要采用留两侧蔓的整枝方法，当小苗的苗期 2 片舌叶展开时开始摘心。为了提早上市，每条枝蔓上见瓜后只留 1 个瓜，瓜上留 4 片叶摘心，见到萌蘖就抹掉。

整枝时要注意，不要在阴雨天整枝，因为伤口愈合较慢，利于病菌的侵染；整枝后要及时喷药，防止病害的发生；尽量减少伤口，整枝宜早不宜晚，伤口越小越好。施肥、灌水与病虫害防治香瓜施肥主要以基肥为主，为了促进子蔓的发生和果实初期发育的需要，每亩可追施磷酸二铵 15 kg，叶面喷施 0.3% 的磷酸二氢钾。第一次收瓜后，每亩可追施腐熟的大水和磷酸二氢钾。

香瓜灌水原则上以控为主，不旱不浇水。整个生育期可浇 4 次水：第一次浇水在定植缓苗后，第二次在第一花开花前浇 1 次花前水，第三次当瓜长到鸡蛋大小时浇 1 次膨大水，第四次在果实采收前 10 d 浇 1 次叶面水。

病虫害防治：本着预防为主，定植时，用 70% 的敌克松以 1∶5 的比例配成药土，施入棚内，或用生物农药农抗 120 灌根，防治枯萎病和其他根病。蚜虫可用沈阳农科院研制的熏蚜 2 号。

（4）香瓜定植至成熟期气象服务指标。

①定植期气象服务指标。

棚内适宜环境条件：定植时棚内气温一定要稳定通过 13 ℃，地温要稳定通过 15 ℃；相对湿度 90% 以上，日照正常。

气象灾害指标：空气最低气温 ≤ –6 ℃，8 级以上大风，3 d 以上连阴天，持续低温、寡照。

②伸蔓期（4 月 1—10 日）。

农事活动：肥水管理、温度管理及除草剂使用。

棚内适宜气象指标：温度 18 ~ 22 ℃，土壤湿度 70% ~ 80%，日照正常。

③结果初期（4 月 11—25 日）。

农事活动：肥水管理、温度管理及除草剂使用，整枝摘心管理，并利用生长调节剂保瓜。

棚内适宜气象指标：温度 18 ~ 20 ℃，土壤湿度 80%，日照正常，白天相对湿度 50% ~ 60%，夜间 50% ~ 80% 。

④结果中期（4 月 26 日至 5 月 15 日）。

农事活动：加强田间管理，注意病虫害监测和防治。

棚内适宜气象指标：温度 25 ~ 28 ℃；土壤湿度 60% ~ 80%，日照充足，白天相对湿度 50% ~ 60%，夜间 50% ~ 80%。

⑤结果后期（5 月 15—31 日）。

农事活动：加强田间管理，注意病虫害监测和防治。

棚内适宜气象指标：温度 20 ~ 24 ℃；土壤湿度 65% ~ 80%，日照充足，白天相对湿度 50% ~ 60%，夜间 50% ~ 80%。

⑥成熟期（6 月 1—30 日）。

农事活动：九成熟时采收上市，这时香瓜色泽好，口感最甜、香味浓郁、价格高。远距离销售，七至八成熟采收即可上市。

棚内适宜气象指标：日温 27 ~ 30 ℃、夜温 15 ~ 18 ℃，昼夜温差 ≥ 13 ℃；日照充足；相对湿度 50% ~ 60%，夜间 50% ~ 80%。

⑦二茬香瓜（7 月 1 日至 9 月 30 日）。二茬香瓜是头茬香瓜采摘后，瓜秧发出第二茬秧结的香瓜。此期间气象条件以高温多雨为主，大棚两侧薄膜需向上卷起 1 m 左右，昼夜通风，露地的各种害虫极易进入棚中危害香瓜生长。因

此，田间管理主要是病虫害防治。

农事活动：防治病虫害。以白粉病、霜霉病、蚜虫为主。

棚内适宜气象指标：日温 27~30 ℃、夜温 15~18 ℃，昼夜温差 ≥ 13 ℃；日照充足；白天相对湿度 50%~60%，夜间 50%~80%。

适宜病虫害发生的气象指标：温度高、日照强、干旱条件下，利于蚜虫的繁殖和迁飞传毒。昼夜温差 ≤ 13 ℃，3 d 以上连阴天，白天湿度 > 60% 或 < 50%，病虫害宜发生。

5.2.2.4 服务与推广方法

当地政府非常重视香瓜产业的发展，大力扶持瓜农种植示范推广，气象局、农业局分工负责。

（1）市主管领导组织召开现场会，在播种、嫁接、定植、肥水管理等关键时期进行现场观摩，把握好关键技术，以确保示范工作的成功。

（2）气象局根据 3 月天气回暖情况发布香瓜定植期气象预报，并在重点大户瓜棚内安装了温湿度自动监测仪，及时发布低温、大风、暴雪等灾害预警。农业气象服务人员与农业技术人员一同深入示范推广点进行现场指导和技术培训。

（3）建立香瓜种植交流群，已经推广至相邻县市。

5.2.2.5 推广效益和适用地区

推广效益：日光大棚多层覆盖栽培香瓜模式，是近几年在温室栽培基础上发展起来的一种栽培方法。它避开了雨季病害的高发期，农药使用量骤减，提高了产品的附加值，降低了生产成本，它的定植时间可比露地提前 45 d 左右，6 月初即上市，经济效益是露地香瓜的 2~3 倍。

适用地区：长春、吉林、松原等地区的平坦地块，并按照一定标准建造以钢筋结构形式为主的大棚。

5.2.3 辽宁蓝莓安全越冬农业气象适用技术

5.2.3.1 背景介绍

辽宁省是全国蓝莓产业化、规模化栽培最早的省份，同时也是蓝莓主产区与优势产区，经过 10 多年的发展，辽宁的蓝莓栽培面积已近 10 万亩，产量达 2.5 万 t，主要栽培种植地区为辽宁东南部。在全国县域地区，辽宁庄河的蓝莓种植面积最大、产量最高，年产值 9 亿多元，盛果期达 30 亿元。庄河生态环境优越，土壤肥沃，气候冷凉，昼夜温差大，其独特的自然条件特别适合蓝莓生长。大部分土壤偏酸性，土壤结构以棕壤土和沙壤土为主，这些有利因素促使庄河蓝莓结果早、抗病性强、产量高、品质优。目前，庄河蓝莓栽植面积已达到 3.2 万亩，已形成生产、加工、销售为一体的综合性产业链条，并涌现出多家龙头企业和知名品牌。庄河蓝莓美名已享誉全国，获得全国首家国家地理标志认定和"中国蓝莓之乡"美誉，庄河也是辽宁省蓝莓"一县一业"示范县。安全越冬技术是保障蓝莓丰产的关键技术。

蓝莓安全越冬农业气象适用技术主要包括埋土防寒法和黑塑料套袋外置稻草的防寒方法两种方法。此适用技术是庄河市气象局于 2013—2014 年在庄河地区开展多种方法蓝莓防寒越冬的试验，综合比对得出在庄河地区防寒效果较好的两种方法。蓝莓安全越冬农业气象适用技术已在庄河地区进行了大面积的示范推广，并且经济实用，适宜在辽南、辽东地区进行大面积推广应用。

5.2.3.2 农业气象原理

庄河地区冬季寒冷干燥、降水稀少，盛吹西到西北风。季平均气温 –5.2 ℃，各月平均气温以 1 月最低，为 –7.3 ℃，平均最低气温达 –12.2 ℃。蓝莓的枝条木质化程度较差，根系较浅，北方寒冷地区露地栽培必须进行防寒。当防寒措施使用不当或防寒没有达到标准时，轻者出现抽条、花芽冻害，影响树体生长和果品的产量及质量，严重的会导致绝收，甚至整株冻死。因此，冬季低温就成了北方寒冷地区露地栽培蓝莓的最大障碍，做好蓝莓的越冬防寒就显得尤为重要。秋冬季过早开展保温措施，由于气温、地温较高容易引起树芽溃烂，所以，室外最高气温稳定在 5 ℃以下为宜。过晚会给取土和田间操作带来不便。春季过早撤去覆盖仍然容易引起抽条等冻害，所以根据气候情况在适宜的时间段内采取经济实用的保温措施是安全越冬的关键。庄河地区夜间最低气温降至 –5 ~ –3 ℃时，要考虑防寒保温处理。庄河地区日平均气温稳定通过 5 ℃的平均日期为 11 月 4 日，80% 保证率为 10 月 30 日，平均气温稳定通过 0 ℃的平均日期为 11 月 19 日，80% 保证率日期为 11 月 13 日。庄河地区防寒处理时间通常为 11 月初至 12 月上旬。第二年撤去防寒保护的时间在 3 月底至 4 月上旬。

5.2.3.3 技术方法要点

蓝莓的防寒方法应根据当地的自然备件和树龄灵活掌握，根据庄河地区的气候特点，用埋土防寒法和黑塑料套袋外置稻草的防寒方法这两种方法防寒效果好，经济实用。

（1）埋土防寒法。埋土防寒法在庄河地区，3 a 以下蓝莓栽培中可以使用。

埋土前应浇封冻水，将枝条压倒，覆土厚度将枝条盖住即可，并要踩实防止漏风。培土防寒效果好，抽条很轻，生长结果好。但蓝莓的枝条比较脆，容易折断，因此，采用埋土防寒的果园宜斜植或在幼树时期采用。当树体长大后，培土量会增加，加上春季撤除培土，不仅费工、费时，增加投入，而且对树体损伤大，常造成折断枝条和花芽损伤，影响生长和结果。该方法可以有效提高越冬平均温度 4 ℃左右。

（2）黑塑料套袋外置稻草的防寒方法。3 a 以上的大树树体较大，采用埋土防寒越冬的方法成本较高，而采用黑塑料套袋外置稻草的防寒方法成本低、防寒效果好于其他方法。

具体操作：事先订做塑料袋。用 0.12 mm 的黑色塑料袋薄膜做成直径为 450 mm 的筒状带，用时根据树木的高度截断。在秋末冬初（庄河地区在 11 月上旬至 12 月上旬）首先将蓝莓枝条用尼龙绳捆扎，按由下到上顺序进行，然后套上截断的塑料圆筒，圆筒下部与事先整平的地表接触并向外折 10～15 cm，用土压实即可。塑料圆筒的上端开口用尼龙绳扎紧，最好在塑料膜外由下向上包裹一层稻草，用尼龙绳绑紧。翌年春天花芽萌动前（庄河地区 4 月上旬至 4 月中旬）从树上去除稻草和塑料筒，稻草可用于覆盖，塑料筒可放置于遮光挡雨处保存，下一年再重复使用，一般可用 3～4 a。重要的是防寒效果好，在冬季最低温度不低于 –25 ℃地区，几乎没有冻害和抽条，树体生长健壮，果实品质好，产量高。利用双层覆盖防寒法防寒时间要适时，不能过早，以外界最高气温稳定在 5 ℃以下为宜，过早会使芽伤热（俗称捂芽），防寒前墒情不好时需灌一次透水，翌春及时一次性撤除防寒物。该方法可以提高越冬平均温度 2～3 ℃。

5.2.3.4 服务与推广方法

从 2014 年开始，庄河市气象局与市农业技术推广中心、主要蓝莓生产乡镇、蓝莓龙头企业等部门紧密合作，充分利用乡镇气象信息服务站开展服务与推广。先在庄河地区开展服务并逐渐辐射到整个辽东南地区。

（1）召开现场观摩会，组织来自塔岭、大营、桂云花等乡镇的蓝莓种植大户和庄河市农业技术推广中心的专家，在塔岭来宝农业园区示范田内召开蓝莓安全越冬农业气象适用技术示范推广观摩会，让老百姓和农业技术人员了解和掌握蓝莓安全越冬农业气象适用技术，起到推广的作用。

（2）气象局农业气象服务技术人员在大营、吴炉、塔岭、桂云花、仙人洞等蓝莓种植集中的乡镇开展重点服务对象培训活动，向乡镇气象助理员、气象信息员、蓝莓种植大户和企业的技术人员发放《蓝莓安全越冬农业气象适用技术推广手册》，并向他们介绍农业气象原理、技术要点。

（3）利用农村科普大集、气象日等向广大蓝莓种植户发放推广手册，制作宣传挂板分发给乡镇气象信息服务站，同时各气象信息服务站和气象信息员通过多种渠道多种方式开展再宣传。

（4）气象局利用 QQ 群、手机短信、政府公文网、电子显示屏、大喇叭等传播方式向广大蓝莓用户发送蓝莓防寒作业时段的专项农用天气预报，让广大种植户可以根据当年的天气气候条件及时开展防寒作业，做到心中有数，避免过早或过晚开展防寒作业带了的损失，给果农提供最大的便利。

5.2.3.5 推广效益和适用地区

推广效益：该技术将原来凭经验选择时间防寒作业转变为靠气象指标科学安排埋土作业时间和科学地选择最佳的防寒方法，为园区和农户减少了不必要的经济损失。塔岭镇来宝农业园区对该项气象服务技术的推广给予了肯定，对气象服务表示了衷心的感谢，并送来感谢信和锦旗。2014—2015 年该方法已经在庄河地区广泛开展应用，并被广大蓝莓种植户所接受，2015 年以后逐渐推广到整个辽南、辽东地区。

适用地区：该农业气象适用技术适宜在辽南、辽东地区大面积推广应用。

6 特色农业气候区划

农业气候资源是影响农作物生长发育和产量形成的最主要的外界因素之一，主要的气候资源包括光能资源、热量资源、水分资源、气候生产潜力以及空气资源等。依据各地农业气候资源状况，从各地实际出发，因地制宜，并考虑气候变化的背景，深入了解气候与特色农业的相互关系，对特色农业的种植品种或品质按照气候条件进行区域划分，从而制定正确的特色农业气候资源开发途径，有利于农业增产增收。

6.1 特色农业气候区划概述

6.1.1 特色农业气候区划分类和原则

特色农业气候区划是在气候分析的基础上，以对特色农业地理分布有决定意义的农业气候指标为依据，遵循农业气候相似原理和地域分异规律，将一较大地区划分为若干农业气候特征相似的区域。它是反映特色农业生产与气候关系的专业性区域，可以为农、林、牧合理布局和建立各类农产品基地提供气候依据。这一概念强调了3个方面：第一，农业气候条件分析是区划的基础。第二，要采用对特色农业生产具有重要意义的区划指标，能够反映地区特色农业生产特点和特色农业气候区域的显著差异。第三，以特色农业气候相似原理和地域分异规律为理论依据进行分区。

特色农业气候区划为实现特色农业区域化、专业化、现代化提供农业气候的依据，特色农业气候区划的基本任务包括两个方面：第一，为当前调整特色农业生产结构和作物合理布局提供农业气候依据；第二，为国家长远发展规划和国土整治提供科学依据。

根据特色农业气候区划的任务进行分类，可以分为综合特色农业气候区划和单项特色农业气候区划两类。综合特色农业气候区划是以一个地区特色农业生产总体为对象，评价气候条件和特色农业生产对象之间的总体关系，广义来看，包括农、林、牧业生产的气候条件的地区性区划；狭义来看，是以某一农业生产部门为总体，研究地区的气候条件和本部门生产的关系而进行的地域性划分。单项特色农业气候区域是为解决某项具体农业生产任务而进行的区划，包括以生产对象或生产过程为主（如某一农作物、某一经济林木、某种牧草、某类牲畜、某项农业措施及种植制度等）和以农业气候因子（如热量、水分）、农业气象灾害（干热风、霜冻等）为对象。综合农业气候区划与单项农业气候区划是同时存在、相互交错的。如种植制度的特色农业气候区划，从农业问题看，属于单项区划；但种植制度本身包括了多种作物的组合，又可归为狭义的特色农业气候区划。

根据区划的方法分类，包括类型区划和区域区划。类型区划是根据不同的特色农业气候因子在地域分布上的差异逐级划分区域，以区域间特征的相似性来进行分类。区划等级越低（区划越细），则区域内部的同一性越大。区域区划以研究区域特征为主的方法，区域内部特征具有相对的一致性，划分出的每个区域在空间上具有完整性和连续性。区域划分以一定类型为根据，一个区域内可能有几种类型，往往以某种类型占优势，因而可以根据优势类型来划区。

鉴于特色农业气候区划的目的和特点，特色农业气候区划的基本原则是：适应特色农业生产发展规划的需要；区域指标具有明确的农业意义，遵循特色农业气候相似性和差异性；按照指标系统划分；区划结果有利于充分合理利用农业气候资源。除了上述基本原则外，特色农业气候区划的划区原则还因具体问题而有所不同。

6.1.2 特色农业气候区划流程和指标

特色农业气候区划的主要流程：第一，调查研究，初步了解地区特色农业生产与气候特点以及存在的气候问题。第二，进行特色农业的气候鉴定，即根据特色农业对气候的需求和反应，确定农业气候指标。第三，进行气候的特色农业鉴定，即根据农业气候指标分析该地区特色农业气候资源与气候灾害的时空分布规律。第四，确定区划因子、区划指标和划区标准，按照一定的区划原则和分类系统进行划区。第五，编制区划图和编写区划说明，对所划出的各个区域的主要农业气候特征做出农业评价。

特色农业区划指标是指以何种指标形式（如积温、生长季、无霜期等）

来表示，是进行特色农业气候区划的重要环节，区划指标值是否正确，影响整个区划的科学性和使用价值。地区之间特色农业气候条件是渐变的，一定的量变必然引起质变，特色农业气候区域之间的差异即农业气候条件由量变到质变的结果。因此特色农业生产的质变是确定划区指标界限值的客观标准。确定区划指标值，就是要找出特色农业气候区域指标的质变点。此外，区划指标的确定还需要遵循前文提出的几条基本原则。

我国地域辽阔，地理、气候、农业和生态类型差别很大，有些省份地处农、林、牧过渡地带，气候和农业类型差异较大。就全国范围而言，针对光、温、水资源匹配状况及气候生产潜力差异非常显著的三大区域（东部季风气候区、西北干旱气候区、青藏高寒气候区），分别制定相应的特色农业气候区划布局。东部季风区气候资源丰富，光、热、水资源丰富，雨热同季，适宜农、林、牧、渔业综合发展。西部干旱区降水稀少，严重限制了丰富的光能资源和较适宜温度条件的利用，以牧为主，顺应季节变化规律，发展草原季节畜牧业，以草定畜。在农牧过渡地带发展育肥饲养畜牧业，促进农牧业同时发展。西部充分发挥光照充足和气温日较差大的优势，发展优质粮、油、瓜果作物。青藏高寒区温度过低，以耐寒畜牧业为主，分地区、分类型开展草地建设。河谷地和低海拔高原地区，发挥高原光合作用无"午休"、光照充足、气温日较差大等优势发展特色农业。

我国从南到北具有明显的热带、亚热带和温带等多种类型的农业气候资源。大于 10 ℃积温在 8000 ℃以上的地区为热带，年降水量为 1400～2000 mm，年总辐射为 $460 \times 10^3 \sim 586 \times 10^3$ J/cm²，特色农作物可全年生长，橡胶树、椰子、咖啡、胡椒等典型热带作物生长良好。秦岭、淮河一线以南至热带北界地区为亚热带，年降水量为 1000～1800 mm，大于 10 ℃积温在 4500 ℃以上，年总辐射为 $356 \times 10^3 \sim 523 \times 10^3$ J/cm²，盛产亚热带作物和经济林木。南温带 ≥ 10 ℃的积温在 3500～4500 ℃，年降水量为 500～1000 mm，年总辐射为 $502 \times 10^3 \sim 586 \times 10^3$ J/cm²，棉花、花生也占相当比例。中温带的东北松辽平原和三江平原积温为 2500～3500 ℃，年降水量为 400～600 mm，年总辐射为 $460 \times 10^3 \sim 544 \times 10^3$ J/cm²，喜凉作物马铃薯、甜菜等生长良好。西北干旱地区和柴达木盆地降水量虽少，但光热资源丰富，其中有灌溉条件的地区作物能获得高产，水分和热量条件较差的地方则只能发展畜牧业。

6.2　特色农业气候区划实例

6.2.1　海南妃子笑荔枝精细化农业气候区划

妃子笑荔枝是对气象条件最敏感的果树之一，不同的生长发育期对温度、光照和降水等的需求差异较大，作为海南当地的特色经济作物，对其进行气候适宜性研究具有重要意义。利用海南气象站的观测资料以花芽形态分化关键期最高气温 ≤ 20 ℃天数和降水量，以及开花坐果期的最低气温和最高气温4个指标来衡量妃子笑荔枝生长发育的气候适宜度，具体指标见表6.1。

表 6.1　海南妃子笑荔枝种植气候区划指标

区划指标	D/d	R_m/mm	T_{min2}/℃	T_{max2}/℃
适宜区	> 14	< 60	> 18	< 23.5
次适宜区	7~14	60~120	16~18	23.5~25
不适宜区	< 7	> 120	< 16	> 25

注：D 为 12 月至翌年 1 月最高气温 ≤ 20 ℃天数；R_m 为 12 月至翌年 1 月降水量；T_{min2} 为 2 月最低气温；T_{max2} 为 2 月最高气温。

采用专家打分法对各指标进行分类打分，适宜区域给3分，次适宜区域给2分，不适宜区域给1分，然后得到各个指标的划分。再对各指标因子的分数进行叠加计算，分数在9~12的给3分，对应适宜区域；分数在7~9的给2分，对应次适宜区域；分数在4~7的给1分，对应不适宜区域。给不同的区域赋予不同的颜色，并叠加市（县）边界，得到海南妃子笑荔枝种植气候区划图（图6.1），最后利用区划图进行文字分析后形成区划成果技术报告，为荔枝种植区域提供重要依据。

6.2.2　吉林市烤烟种植气候适宜性区划

首先根据相关性分析结果和烤烟气象生态综合分析，结合吉林市气候资源实际情况，选择对吉林市烤烟产量和品质有重要影响的7—8月平均气温、5—9月平均气温、7月降水量、5—9月降水量、5—9月日照百分率、7月空气相对湿度等气象要素作为评价烤烟种植适宜性的气象指标。根据烤烟生物学特性要求、气象数据和生产实际分析得到表6.2。

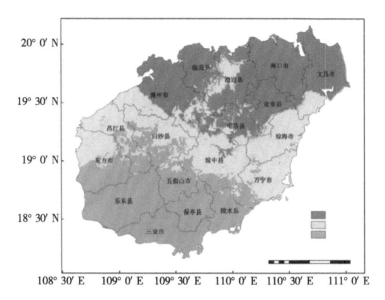

图 6.1 海南岛妃子笑荔枝种植区划

表 6.2 烤烟气候因子适宜性三基点指标

气候适宜性指标	适宜值	上限	下限
7—8 月平均气温 /℃	—	24.0	18.0
5—9 月平均气温 /℃	—	20.5	15.0
7 月降水 /mm	165.0	350.0	95.0
5—9 月降水 /mm	550.0	850.0	290.0
5—9 月日照百分率 / (%)	55.0	90.0	35.0
7 月空气相对湿度 / (%)	80.0	95.0	45.0
6—8 月冰雹天数 /d	—	0.6	3.0

　　用模糊隶属函数建立气象要素对烤烟栽培适宜度模型。7—8 月平均气温 T_{7-8}（℃）。对烤烟种植的影响是正比例线性的。当地 T_{7-8} 范围内不存在上下限，下限为 18.0 ℃，以 24.0 ℃以上最为适宜。构建隶属函数为：

$$\mu\left(T_{7-8}\right) = \begin{cases} 0 & T_{7-8} \leqslant 18.0 \\ \dfrac{T_{7-8}}{24} & 18.0 < T_{7-8} < 24.0 \\ 1 & T_{7-8} \geqslant 24.0 \end{cases} \tag{3}$$

5—9 月平均气温 T_{5-9}（℃）。对烤烟种植的影响是正比例线性的。当地 T_{5-9} 范围内不存在上限，下限为 15.0 ℃，以 20.5 ℃以上最为适宜，构建隶属函数为：

$$\mu\left(T_{5-9}\right)=\begin{cases}0 & T_{5-9}\leqslant 15.0 \\ \dfrac{T_{5-9}}{20.5} & 15.0<T_{5-9}<20.5 \\ 1 & T_{5-9}\geqslant 20.5\end{cases} \tag{4}$$

7 月降水量 R_7（mm）对烤烟种植的影响是呈现梯形的。当地 R_7 上下限分别为 350.0 mm 和 95.0 mm，以 160~165 mm 之间最为适宜，构建隶属函数为：

$$\mu\left(R_7\right)=\begin{cases}0 & R_7\leqslant 95.0, \ R_7\geqslant 350.0 \\ \dfrac{R_7}{165} & 95.0<R_7<160.0 \\ \dfrac{160}{R_7} & 165.0<R_7<350.0 \\ 1 & 160.0\leqslant R_7\leqslant 350.0\end{cases} \tag{5}$$

5—9 月降水量 R_{5-9}（mm）对烤烟种植的影响是呈现梯形的。当地 R_{5-9} 范围内上下限分别为 850.0 mm 和 290.0 mm，以 540~550 mm 最为适宜，构建隶属函数为：

$$\mu\left(R_{5-9}\right)=\begin{cases}0 & R_{5-9}\leqslant 290.0, \ R_{5-9}\geqslant 850.0 \\ \dfrac{R_{5-9}}{550} & 290.0<R_{5-9}<540.0 \\ K\times\dfrac{540}{R_{5-9}} & 550.0<R_{5-9}<850.0 \\ 1 & 540.0\leqslant R_{5-9}\leqslant 850.0\end{cases} \tag{6}$$

式中：K=0.85 表明单位水分盈余影响小于单位水分亏损的影响。

5—9 月日照百分率 S_{5-9}（%）对烤烟种植的影响是正比例线性的。当地 S_{5-9} 上下限分别为 90% 和 35%，以 55% 以上最为适宜，构建隶属函数为：

$$\mu\left(S_{5-9}\right)=\begin{cases}0 & S_{5-9}\leqslant 35, \ S_{5-9}>90 \\ \dfrac{S_{5-9}}{55} & 35<S_{5-9}<55 \\ 1 & 55\leqslant S_{5-9}\leqslant 90\end{cases} \tag{7}$$

7 月相对湿度 U_7（%）对烤烟种植的影响是呈现梯形的。当地 U_7 上下限分别为 95% 和 45%，以 75%~80% 最为适宜，构建隶属函数为：

$$\mu\left(U_7\right)=\begin{cases}0 & U_7\leqslant 45,\ U_7\geqslant 95\\[2mm]\dfrac{U_7}{80} & 45<U_7<75\\[3mm]\dfrac{70}{U_7} & 80<U_7<95\\[3mm]1 & 75\leqslant U_7\leqslant 80\end{cases} \tag{8}$$

6—8 月冰雹天数 H_{6-8}（d）是反比例线性的。当地 H_{6-8} 以 0.6 d 以下最为适宜，大于 3.0 d 不适宜烤烟种植，构建隶属函数：

$$\mu\left(H_{6-8}\right)=\begin{cases}0 & H_{6-8}\geqslant 3.0\\[2mm]\dfrac{0.6}{H_{6-8}} & 0.6<H_{6-8}<3.0\\[3mm]1 & H_{6-8}\leqslant 0.6\end{cases} \tag{9}$$

综合气候适宜性评价模型。采用权重求和方法建立烤烟种植综合气候适宜性模型，表达式为：

$$\text{IAI}=\sum_{i=1}^{n}\left(\mu\left(X_i\right)\times c_i\right) \tag{10}$$

式中：IAI 代表气候适宜性的综合指数；μ 为隶属函数值；X_i 为气象要素；c_i 为第 i 个因素的权重系数；n 为因子个数。

根据当地气象要素变化范围及其对烤烟栽培需求的满足情况、相关系数分析，结合专家经验，确定 7—8 月平均气温、5—9 月平均气温、7 月降水量、5—9 月降水量、5—9 月日照百分率、7 月空气相对湿度、6—8 月冰雹天数对烤烟适宜度影响的权重系数分别为 0.14、0.15、0.15、0.15、0.15、0.12、0.14。利用式（10）进行计算气候适宜性的综合指数。

然后推算区域内气候指标的空间格网分布。有关研究表明，山区气候要素值与海拔和经纬度密切相关，分析现有温度、降水、日照、湿度、冰雹天数与经度、纬度、海拔高度的二次幂关系，建立多元二次方程，结合 DEM 数据推算出区域内温度、降水、日照、湿度、冰雹分布空间分布。用回归法分别建立各气象因子推算公式（表 6.3）：

表 6.3　吉林市烤烟生产气候要素推算公式

气象因子	推算公式
7—8 月平均气温 /℃	$T_{7-8}=-3156.183404+60.14356372 \times \lambda-0.238124808 \times \lambda^2-28.11085932 \times \varphi+0.320680791 \times \varphi^2-0.013164123 \times h+0.00000877541 \times h^2$
5—9 月平均气温 /℃	$T_{5-9}=-1957.2176+42.46887879 \times \lambda-0.16851125 \times \lambda^2-31.6685652 \times \varphi+0.359773808 \times \varphi^2-0.01257989 \times h+0.00000919162 \times h2$
7 月降水量 /mm	$R_7=-676013.1027+6294.865674 \times \lambda-24.93396119 \times \lambda^2+12834.49971 \times \varphi-147.479342 \times \varphi^2-1.6209659 \times h+0.002065112 \times h^2$
5—9 月降水量 /mm	$R_{5-9}=-1649609.02+23610.21073 \times \lambda-93.32209391 \times \lambda^2+7204.79492 \times \varphi-82.34367138 \times \varphi^2-3.573753165 \times h+0.004728331 \times h^2$
5—9 月日照百分率 / (%)	$S_{5-9}=92073.80347-1427.084839 \times \lambda+5.6337629 \times \lambda^2-72.9125466 \times \varphi+0.8206317 \times \varphi^2-0.1830328 \times h+2.10999 \times 10^{-4} \times h^2$
7 月相对湿度 / (%)	$U_7=-2097.42470719584+8.91712531504031\lambda-0.0185798797444241\lambda^2+65.9698091683293\varphi-0.800613225368166\varphi^2-0.0512807362748505h+0.0000548033896193224 \times h^2$
6—8 月冰雹天数 /d	$H_{6-8}=52.52015943-0.449563584 \times \lambda+0.12157009 \times \varphi-0.000440394 \times h$

注：λ 代表经度，φ 代表纬度，h 代表海拔高度，所有复相关系数均通过 0.01 水平的显著性检验。

最后进行烤烟气候适宜性区划。各等级烤烟气候适宜性的综合指标数值域为：不适宜，IAI ≤ 0.75；次适宜，0.75 < IAI ≤ 0.85；适宜，0.85 < IAI ≤ 0.9；最适宜，IAI > 0.9。根据吉林市烤烟气候的深入分析研究，遵循既定的烤烟气候区划原则，在 ArcGis 系统下，使用 GIS 矢量数据和表 6.3 方程，推算吉林市细网格（100 m × 100 m）各气象要素值的空间分布，再计算各格点烤烟种植的气候适宜性的综合指数，模拟和实现吉林市烤烟种植气候适宜度分区，将吉林市烤烟种植区分为最适宜区、适宜区、次适宜区、不适宜区 4 类（图 6.2）。

最适宜区（IAI > 0.9）：烤烟种植最适宜区多分布在中山，主要分布在蛟河市中东部、桦甸市中部、零星分布在磐石市和舒兰市，烤烟面积约占全市的12%。该区内光温水湿匹配较优，虽热量略显不足，充足的光照弥补了温度的影响，降水适中，湿度适宜，光合有效性强，有利于烤烟干物质的积累，符合优质高产烤烟的生态环境条件，虽然该区冰雹灾害相对较轻，但在烤烟生产中也要注意防范雹灾带来的不利影响。

适宜区（0.85 < IAI ≤ 0.9）：烤烟种植适宜区占很大的比重，约占全市的55%，分布以低山为主，主要分布在蛟河市大部、桦甸市大部、舒兰市大部、磐石市中南部、城郊东部部分地区，该区内光温充足，湿度适宜，光温湿匹配较好，但降水和冰雹天数多，易发生冰雹灾害，会使烤烟生育变慢，成熟时间延

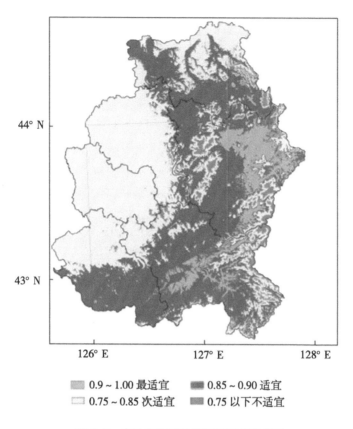

0.9~1.00 最适宜   0.85~0.90 适宜
0.75~0.85 次适宜   0.75 以下 不适宜

图6.2 吉林市烤烟种植气候适宜度分区

后，造成烤烟品质欠佳，烤烟质量比最适宜区要差。

次适宜区（0.75 < IAI ≤ 0.85）：烤烟种植次适宜区也占较大的比重，约占全市的 25%，多以丘陵或中山为主。主要分布在永吉县大部、城郊大部、磐石市北部、舒兰市北部、桦甸市西北部和东部部分地区，零星分布在蛟河市。该区低海拔区虽热量有余，但降水不足，高海拔区虽降水丰富，但热量条件欠佳。虽然该区光照充足，湿度适宜，但冰雹天数偏多，导致烤烟产量低而不稳，品质欠佳。

不适宜区（IAI ≤ 0.75）：不适宜区在各县市均有分布，约占全市的 8%，主要分布在高山，集中在蛟河市中西部、东南部和北部部分地区、桦甸市东南部、舒兰市东部县市的少数乡镇。该区由于海拔较高，气温低，多阴雨天气，光照不足，烤烟生长和干物质积累受限，烟叶难以落黄成熟，且冰雹灾害多，影响烟叶产量和品质，不适宜种植烤烟。

7 特色农产品气候品质评价

特色农作物的优质高产与气象条件密切相关，气候条件的优劣决定了特色农产品的品质，直接影响到经济效益。特色农产品气候品质论证是指为天气气候对特色农产品品质影响的优劣等级进行评定。依据特色农产品品质与气候的密切关系，通过相关数据的采集收集、实地调查、实验试验、对比分析等技术手段方法，设置认证气候条件指标，建立气候品质认证模式，综合评价确定特色农产品气候品质等级。特色农产品气候品质等级统一划分为4级，按优劣顺序分别为特优、优、良好、一般。通过特色农产品的气候品质论证，促进农产品气候品质评价规范化和标准化，打造系列"气候好产品"，助力提升特色农产品品牌价值。

7.1 特色农产品气候品质评价概述

7.1.1 特色农产品气候品质认证技术规范

中国气象局政策法规司积极推动农产品气候品质认证工作体系建设，2017年8月1日，气象行业标准《农产品气候品质认证技术规范》（QX/T 486—2019）正式实施，内容包含农产品气候品质认证技术规范、认证总则和认证标志设计等。

首先是资料收集，包含农产品资料和气象资料。农产品资料包括农产品的名称、品质指标、生产基地信息。其中品质指标主要指生理生化指标和外观指标，通过田间试验、文献查阅等方法获取。生产基地信息指基地名称、地址、生产规模、产地概况、环境条件等。气象资料是代表该农产品生产区域和影响该农产品生产的时间范围内的气象资料。气象资料来源于气象观测站，包括认证区域内或周边区域的农田小气候观测站、区域自动站或基本气象站。气象要素主要包括气温、降水量、空气相对湿度、日照时数、土壤温度、太阳辐射等与认证农产品品质密切相关的气象因子。

其次是筛选气候品质指标。基于农产品的生物学特性，耦合表征农产品品质的生理生化指标、外观指标和同期气象数据，应用相关分析等方法，筛选影响农产品品质形成的关键气象因子，确定农产品的气候品质指标。

然后建立农产品气候品质评价模型。将筛选出来的气候品质指标划分为 4 个等级，为每个指标 M_i 赋值 3 ~ 0，运用主成分分析、熵权法、专家决策等方法确定气候品质指标的权重系数，然后加权求和，建立气候品质评价指数模型。

$$I_{ACQ} = \sum_{i=1}^{n} a_i M_i \tag{11}$$

式中：I_{ACQ} 为气候品质评价指数；n 为气候品质指标的个数；a_i 为第 i 个气候品质指标的权重系数。

最后根据模型计算的气候品质指数和农业实际生产状况，确定评价阈值 I_{ACQ}，划分气候品质等级：特优、优、良、一般，最终撰写农产品品质认证报告。

7.1.2 农产品气候品质评价基本流程

农产品气候品质评价流程一般分为申请、受理和勘验、审核和认证 3 个环节。以浙江省安吉县气象局开展的茶叶气候品质评价为例，其各环节的具体内容如下。

申请：安吉县范围的茶园企业（法人）向县气象部门提出认证申请。认证申请材料包括：

（1）《浙江省农产品气候品质评价申报书》。

（2）产地环境条件、生产技术规范和产品质量安全技术规范。

（3）地域范围确定性文件和生产地域分布图。

（4）产品实物样品或样品图片。

（5）其他必要的说明或者证明材料。

受理和勘验：县气象局接到认证申请后，在 2 个工作日内完成申请材料的审查，对符合条件的申报，进行受理；对不符合条件的申报，在 2 个工作日内向申报人做出不受理的说明。受理后县气象局将组织专家到茶园企业进行现场勘验，并编制农产品气候品质评价情况报农业气象中心审核和申报认证批号。

　　审核和认证：浙江省农业气象中心接到申请后，完成认证材料和评价报告初稿的审核，出具《浙江省农产品气候品质评价报告》，完成认证批号编制和标志发放。

7.2　特色农产品气候品质评价实例

7.2.1　辽宁朝阳孙家湾大枣 2020 年气候品质评价

7.2.1.1　选择气候品质评价的气象因子

　　根据"气象站应离作物区域距离近，经纬度、海拔高度、地形地貌等特征值相似度较高"的原则，本次评价选取朝阳县国家气象观测站和附近气象自动站资料作为朝阳孙家湾大枣气候品质评价气象数据来源。

　　将朝阳孙家湾大枣整个生育期分为萌芽期、抽枝展叶期、花期、果实发育期和果实着色期 5 个时期，每个生育时期又按照不同气象因子共 17 个气象因子分别评分。其中萌芽期和抽枝展叶期各占 5 分，花期 20 分，果实发育期 40 分，果实着色期 30 分，按百分制评分（表 7.1）。

表 7.1　朝阳孙家湾大枣气候品质评价评分

一级指标	一级评分	气象因子	二级评分
萌芽期	5	平均气温	5
抽枝展叶期	5	平均气温	5
		平均气温	6
		相对湿度	6
花期	20	连续阴天（持续 3 d 以上）次数	2
		低温日数（平均气温 < 23 ℃）	4
		大风日数（瞬时大风 8 级以上）	2
		平均气温	12
		相对湿度	4
果实发育期	40	日照时数	12
		大风日数（瞬时大风 8 级以上）	6
		降水量	6

续表

一级指标	一级评分	气象因子	二级评分
		平均气温	8
		总日照时数	5
果实着色期	30	连阴雨（持续3 d以上）次数	5
		降水量＞20 mm出现日数	5
		降水量	7

建立朝阳孙家湾大枣气象因子最适宜、适宜、较适宜评价指标，并分别给予 1.0、0.8、0.6 的评分权重，低于较适宜下限的评分为 0（表 7.2）。

表 7.2　朝阳孙家湾大枣气候品质评价指标

发育期	气象因子	指标及评分权重		
		1.0（最适宜）	0.8（适宜）	0.6（较适宜）
萌芽期	平均气温 /℃	15~18	13~15	11~13
抽枝展叶期	平均气温 /℃	18~21	21~23	23~25
	平均气温 /℃	22~26	26~28	28~30
	相对湿度 / (%)	50~70	40~50	30~40
花期	连续阴天次数 / 次	次数 ≤ 2	2 <次数 ≤ 4	4 <次数 ≤ 6
	低温日数 /d	日数 ≤ 3	3 <日数 ≤ 6	6 <日数 ≤ 8
	大风日数 /d	日数 ≤ 5	5 <日数 ≤ 10	10 <日数 ≤ 14
	平均气温 /℃	22~28	28~32	18~22
	相对湿度 / (%)	70~85	50~70	30~50
果实发育期	日照时数 /h	8~12	4~8	2~4
	大风日数 /d	日数 ≤ 5	5 <日数 ≤ 10	10 <日数 ≤ 14
	降水量 /mm	80~200	30~80	200~250
	平均气温 /℃	18~25	25~27	16~18
	总日照时数 /h	60~100	100~120	40~60
果实着色期	连阴雨次数 / 次	≤ 1	2	3
	降水量＞20 mm 出现日数 /d	≤ 2	3	4
	降水量 /mm	≤ 30	30~50	50~70

7.2.1.2　气候品质评价综合评分计算方法

朝阳孙家湾大枣气候品质评价综合评分计算公式：

$$P = \sum_{i=1}^{k} \left[\sum ac_{jk} \right] \tag{12}$$

式中：P 为朝阳孙家湾大枣气候品质评价综合评分；i 为生育时期个数，k 为某个生育期内气象因子个数；a 为某一气象因子评分权重（1.0、0.8、0.6）；c_{jk} 为某一气象因子二级评分值。

7.2.1.3　朝阳孙家湾大枣气候品质评价等级

朝阳孙家湾大枣气候品质评价等级划分见表 7.3，P 值在 70 以下不对其气候品质等级进行评价。

表 7.3　朝阳孙家湾大枣气候品质等级划分

综合评分	朝阳孙家湾大枣气候品质评价等级
$100.0 > P \geqslant 90.0$	特优
$90.0 > P \geqslant 80.0$	优

根据 2020 年 5 月 1 日至 9 月 13 日朝阳孙家湾大枣生长发育气候观测实况，结合朝阳孙家湾大枣气候品质评价评分（表 7.1）和朝阳孙家湾大枣气候品质指标（表 7.2），2020 年朝阳孙家湾大枣气候品质得分如表 7.4。

表 7.4　"朝阳孙家湾大枣" 2020 年气候品质评价评分

生育时期	气象因子	2020 年数值	得分
萌芽期	平均气温 /℃	18	5
抽枝展叶期	平均气温 /℃	18.6	5
花期	平均气温 /℃	22.7	6
	相对湿度 / (%)	55.1	6
	连续阴天次数 / 次	0	2
	低温日数 /d	2	4
	大风日数 /d	0	2
果实发育期	平均气温 /℃	25.5	12
	相对湿度 / (%)	67.9	3.2

续表

生育时期	气象因子	2020 年数值	得分
	日照时数 /h	11	12
果实发育期	大风日数 /d	1	6
	降水量 /mm	221.5	3.6
	平均气温 /℃	20.4	8
	总日照时数 /h	115.8	4
果实着色期	连阴雨次数 / 次	0	5
	降水量 > 20 mm 出现日数 /d	1	5
	降水量 /mm	38.3	5.6
总分	94.4		

2020 年辽宁省朝阳市双塔区孙家湾镇大枣种植区的朝阳孙家湾大枣主要生育期内（5 月 1 日至 9 月 13 日）天气气候条件总体有利于大枣的生长发育。良好的地理生态环境、科学的管理栽培措施和小气候条件较好等条件保障了朝阳孙家湾大枣的优质品质。

根据朝阳孙家湾大枣气候品质评价标准和气候品质模型的分析，朝阳孙家湾大枣气候品质结论：2020 年双塔区孙家湾镇大枣种植区于（5 月 1 日至 9 月 13 日）生产的朝阳孙家湾大枣气候品质评价等级为特优。

7.2.2 辽宁瓦房店葡萄气候品质评价

7.2.2.1 选择对葡萄品质影响的气候因子

热量条件。葡萄对温度有一定的要求，春季地面温度为 7 ~ 10 ℃时，其根系活动；温度上升到 10 ~ 12 ℃时，长出新芽；继续上升达到 18 ~ 23 ℃时，开始开花、结果。

水分条件。不同时期葡萄对水分需求不同，如春季刚开始复苏萌芽时，对水分的需求量比较大；开花期需要的水分适中；浆果期一定要确保水分充足，采摘葡萄之前不需要太多的水分，否则不利于糖分积累，对葡萄生长造成影响。

光照条件。葡萄浆果受光照的影响较大，并且不同时期对光照的需求不一，特别是 8—9 月浆果成熟这一时间段需要充足的光照，这样才能保证和提升葡萄质量。

气象条件是不断变化的，葡萄在不同生长时期所需要的最佳气象条件也不同。葡萄主要生长发育期关键气象条件与气象品质的关系见表 7.5。

表 7.5 葡萄主要生长发育期关键气象条件与气象品质的关系

主要生长发育期	关键气象条件与气象品质的关系
展叶新梢生长期 （4 月下旬至 5 月中旬）	气温日均值稳定 ≥ 11 ℃，适宜温度 18~21 ℃，夜间气温 > 10 ℃以上，降水较少，光照充足。回寒天气将推迟生长发育
开花期 （5 月下旬至 6 月上旬）	适宜温度 23~32 ℃，开花期间如出现低温天气（≤ 13 ℃），葡萄将不能正常开花和授粉受精，最终影响产量和品质
浆果生长期 （6 月中旬至 8 月上旬）	低温、强降水天气，连阴雨天 ≥ 3 d，易滋生病害，影响品质和产量
浆果成熟期 （8 月中旬至 9 月下旬）	白天气温为 26~32 ℃，干燥少雨，光照充足，昼夜温差大，有利于品质的提升；当气温 ≤ 14 ℃或出现早霜冻时，果实不能正常成熟。连阴雨天气易造成浆果糖分积累困难，病害发生严重，烂果率提高

7.2.2.2　建立葡萄气候品质评价模型

对葡萄品质产生影响的因素是多方面的，一般来说，发挥主导作用的是气候，并且已经得到证实。同时光照、降水、葡萄温度等因子是葡萄生长、结果必不可少的。通过调查研究、分析李官镇葡萄种植的影响气象因子，主要选择对葡萄产量、生长和果实品质影响较大的温度指标、水分指标、光照指标和灾害性天气指标作为葡萄气候品质的主要气象条件指标，即开花期低温冻害，6—8 月初果实生长期降水和光照，8—9 月浆果成熟期冰雹、大风等灾害性天气等关键因子得分组合构建葡萄气候品质评价模型。现阶段，主要使用的认证方法是对农产品生长的生态适应性、管理水平、气候灾害等因素进行综合考量，赋予不同的权重而获得综合得分，计算公式如下：

$$W = 0.3X_1 + 0.5X_2 + 0.2X_3 \qquad (13)$$

式中：X_1、X_2、X_3 最大值均为 100 分。X_1 表示该区气候适宜性得分；X_2 表示该区当年气象条件适宜性得分，包括 α 和 β 两部分（$X_2 = \alpha - \beta$），综合考虑当年葡萄生长周期各物候期的气象条件与历史时期比较认证得分为 α，同时考虑葡萄生长期内气象灾害对其品质影响认证得分为 β；X_3 为葡萄园生长生态环境因素得分。选取产地土壤地貌、森林覆盖率、标准化生产技术作为优质葡萄生产环境认证因子。

　　选择葡萄生长期内对水热条件最敏感的 4 个时期气温、日照、降水与气候平均值的差距，以及这些因素对葡萄产生的影响（表 7.5）制定 α 评分标准（表 7.6）。

表 7.6　α 评分标准

距平水平	展叶新梢生长期			开花期			浆果生长期			浆果成熟期		
	温度	降水	日照	温度	降水	日照	温度	降水	日照	温度	降水	日照
(−1, −10%]	10	20	15	10	20	15	10	15	15	10	20	15
[−10%, −5%]	15	20	20	15	25	20	15	20	25	15	25	20
(−5%, 0]	20	25	25	20	25	25	20	25	25	20	25	25
(0, 5%]	25	20	25	25	25	25	25	25	25	25	20	25
(5%, 10%]	25	15	25	25	20	25	25	25	25	25	15	25
(10%, 1]	20	10	20	20	20	20	20	20	20	20	15	20

　　每个时期满分为 25 分，最小值为 10 分，α 满分为 100 分。表 7.6 制定的主要依据是：距平值绝对值 ≤ 10%，在农业气象上认为是正常年份；> 10%，认为是异常年份。在特殊年份，如果会产生负面影响，记为 10 分；如果对作物生长起促进作用，记为 25 分。但是如果在特殊年份，处于某个生长期的葡萄对这些反常不过敏，则记为 20 分。另外，在正常气象条件下，葡萄生育期间如遇消极气候因素不利于葡萄生长，此时的气候因素与平均值相比较，变化 5% 就扣 5 分，以此类推，有利的因素或是不敏感的要素则得 25 分。

　　β 为当年葡萄生长期内气象灾害对其品质影响认证得分（表 7.7）。

表 7.7　β 评分标准

生长期	气象灾害	灾害等级		
		无	轻度灾害	重度灾害
出土萌芽期	倒春寒	0	10	20
展叶新梢生长期	低温灾害	0	10	20
	连阴雨	0	10	20
开花期	低温灾害	0	10	20
	连阴雨	0	10	20

续表

生长期	气象灾害	灾害等级		
		无	轻度灾害	重度灾害
浆果生长期	低温灾害	0	10	20
	连阴雨	0	10	20
浆果成熟期	低温灾害	0	10	20
	连阴雨	0	10	20

依据葡萄的不同生长阶段、不利气候条件的发生状况及葡萄对这些气候条件的敏感程度进行评分。由于作物能够忍受逆境，所以不良气候因素产生的影响认证得分小于 100 分。影响葡萄生长的重要气候因素为温度和天气，尤其是萌芽期和开花期温度比较低，还有浆果期多日阴雨天气。每个时期的满分都是 20 分，没有气候灾害记 0 分，气候灾害轻记 10 分，严重的记 20 分。

7.2.2.3　分级评分标准

将葡萄气候品质划分为 5 个等级：特优、优、良好、一般、差，各等级评价得分如表 7.8 所示。

表 7.8　分级评分标准

葡萄气候品质等级	葡萄气候品质评价得分（W）
特优	$W \geqslant 90$
优	$85 \leqslant W < 90$
良好	$80 \leqslant W < 85$
一般	$70 \leqslant W < 80$
差	$W < 70$

8 特色农业保险气象服务

　　气象灾害是影响农作物产量稳定、造成农业生产损失的主要自然因素，农业也是受气象条件制约最大的行业。在遭遇气象灾害时，农业保险是农业风险管理的有效手段之一。农业保险是指专为农业生产者在从事农业生产过程中，对遭受自然灾害和意外生产事故造成的经济损失提供保障的一种保险。具有自我调节、自我平衡功能，在补偿灾害损失、恢复生产、保障农民生活、保持农业可持续发展中发挥着重要作用。由于农业内涵的广泛性与发展性，农业保险的业务种类繁多，学术界和保险业按照不同的分类标准对农业保险进行了分类。

　　目前主要的分类方式有以下两种：一种是按照承保对象与范围不同进行分类。这种划分方式是沿袭农业的广义与狭义之分而形成的，相应地分为广义的农业保险和狭义的农业保险，或称为"大农险"与"小农险"。"大农险"的承保对象与范围则涉及广义农业的各个环节，因此也被称为"农村保险"；"小农险"的承保对象与范围仅限于种植业和养殖业，通常被称之为"两业保险"。另一种是依据经营目标不同进行分类。按照经营目标的不同，可以将农业保险分为商业性农业保险和政策性农业保险两类。其中，商业性农业保险的经营目标是获取利润最大化，政策性农业保险的经营目标是最大限度地实现政府预定的政策目标。在我国保险实践中，又常根据保费补贴主体的不同，将政策性农业保险分为中央政策性农业保险和地方政策性农业保险。

8.1 特色农业保险气象服务概述

8.1.1 政策性农业保险

　　政策性农业保险是一种由政府提供保费补贴等政策支持的农业保险制度，

是农业保险的重要组成部分，具有较强的社会公益性。政策性农业保险是以保险公司市场化经营为依托，政府通过保费补贴等政策扶持，对种植业、养殖业因遭受自然灾害和意外生产事故造成的经济损失提供的直接物化成本保险。政策性保险是政府主导的保险，政府不仅参与宏观决策，而且介入微观经营管理活动。主要要点有以下 6 个方面。

（1）保险标的物。是指保险人对其承担保险责任的各类保险对象，具体到各地为已开办的种植业保险对象，如油菜、玉米、棉花、大豆等作物。

（2）保险理赔。即处理赔案，是在保险标的物发生保险事故后，保险人对投保人所发生的保险合同责任范围内的损失履行经济补偿义务，对投保人提出的索赔进行处理的行为。理赔通常需要确认事故发生的时间、地点、原因、影响等，从而确定赔偿金额，履行保险赔偿义务。

（3）勘灾定损。为配合保险理赔工作，在气象灾害发生后，通过现场勘查，结合气象、遥感等相关资料，分析评估气象灾害发生的时间、地点、程度，及其对保险标的物的影响、造成的损失等。

（4）种植业保险时段。保险标的物（农作物）在整个生长阶段分为不同发育期，种植业保险对农作物的不同发育期采用不同的保险费率。这种针对保险费率差异划分的作物生育时段称为种植业保险时段。

（5）气象认证。针对具体保险赔案，分析气象等相关资料，确认灾害性天气或气象灾害发生的时间、地点、程度，对保险标的物造成的影响或损失等，提供气象认证意见。

（6）厘定费率。是指应缴纳保险费与保险金额的比率。保险费率（费率 = 保险费 / 保险金额）是按单位保险金额向投保人收取保险费的标准。用保险金额乘以保险费率就得出该笔业务应收取的保险费。

政策性农业保险的优点和局限性。农业保险是一种现代化的灾害风险管理方式和工具，与财政拨款、救济等事后补救措施相比，它防患于未然，既可有效降低自然灾害造成的损失程度，又具有效率较高、相对公平、对国家财政无冲击等优点，对恢复农业生产、稳定农民收入具有重要作用。发达国家也都普遍采用政策性农业保险进行灾害风险管理。政策性农业保险对比商业性农业保险的优点如下。

（1）经营主体不同。政策性农业保险由政府直接组织并参与经营，或指派并扶持其他专业农业保险公司经营，不具有盈利性；而商业性农业保险的经营范围只由商业性保险公司承担，以盈利为目的。

（2）保费承担体不同。政策性农业保险产品由政府给予一定比例的补贴，而商业性农业保险则完全由投保人自己承担费额。

（3）组织推动机制不同。政策性农业保险是由政府组织推动，政府通过有关的法律规定使得参与农业保险的农户既可享受到国家保险补贴，又可以享受到其他的优惠政策。而商业性农业保险是由市场机制调节运作的。

（4）损失赔付概率不同。政策性农业保险经营的项目，一般保险责任范围囊括范围广，保险对象的损失概率较大，从而成本损失率高；商业性农业保险经营的项目责任范围窄，保险对象损失概率较小，成本损失可能性小。

但传统的政策性农业保险也存在局限性：一是存在较高的道德风险和逆向选择。农业生产过程中，自然再生产和经济再生产相互交织，农作物价值在很大程度上要受到人类活动和主观因素的影响，农民在购买农业保险后是否会懈怠农业生产管理过程，或存在故意扩大灾害损失的行为，保险公司很难进行有效监管。二是交易成本较高。农业灾害风险的不确定性、风险估测的复杂性使得农业保险中准确地核灾定损存在诸多困难，很多情况下甚至很难区分农作物减产究竟是自然灾害造成的还是人为所致，各占多大比重，核灾定损困难。加上农户的分散性，导致农业保险的经营管理成本十分高昂。

8.1.2　农业保险气象服务产品

8.1.2.1　农业保险气象预警服务

农业保险气象预警服务是指针对即将出现的重大灾害性天气过程对保险对象的可能影响，制作发布气象预警服务。通过手机短信、农村大喇叭、电子显示屏等手段将气象灾害预报预警信息快速传递给农民，并通过发放气象灾害应急避灾常识等宣传资料，提高农民的应急处置能力和自防御能力。主要目的是供保险公司及投保人采取适当防御措施以减轻灾害损失。根据气象台对重大灾害性天气过程的预报意见，分析可能形成的气象灾害强度（等级）和发生范围等，或可能产生的次生灾害（滑坡、泥石流、病虫害等），预估灾害对保险对象可能产生的影响，并提出保险公司或投保人重点关注的事项、减轻灾害损失可采取的对策措施等。

8.1.2.2　重大农业气象灾害评估

重大农业气象灾害评估指主要利用气象、卫星遥感、农情、历史灾情等资料和灾害评估指标、模型等技术方法，结合现场勘查，根据重大农业气象灾害孕育和发展过程，对灾害可能造成、正在造成或已经造成的损失进行定量评价和估算，制作发布灾前预评估、灾中跟踪评估和灾后最终评估产品。灾前预评估一般是根据气象台的预报意见，对即将发生的重大农业气象灾害，分析可能形成的灾害强度和发生区域，针对保险对象目前生长发育状况（苗情长势与常年比较），分析评估气象灾害对保险对象的影响和损失程度等，并根据预估分析结果，提出保险理赔勘灾定损重点关注的区域。灾中跟踪评估主要是随着灾害的发展，根据对灾害的实时监测和预测，利用灾害损失指标和评估模型，对保险对象已经造成的损失和将要造成的损失进行定量动态评估。如受灾面积、受灾程度、产量损失率等。并根据灾害评估分析结果，进一步提出保险理赔勘灾定损重点关注的区域、问题等建议。灾后最终评估是在灾害发生后，根据灾害种类，携带相应的灾害调查仪器、工具等进行实地调查，利用多种数据资料、灾害损失指标和评估模型，结合灾害调查结果，对整个灾害过程强度和损失程度进行综合分析评估。农业气象灾害评估充分利用了气象和农业数据以及多源卫星遥感监测信息，使农险费率的厘定和风险区域的规划都以科学数据和科学方法为基础，避免了主观臆断。气象部门的参与既增强了农险费率制定的科学性、合理性，又降低了查勘定损的成本。

8.1.2.3　种植业保险气象评价报告

种植业保险气象评价报告是对种植业保险标的物进行全生育期和不同发育阶段农业气象评价，制作发布的农业气象影响评价报告。利用气象、卫星遥感、农业气象等资料，对种植业保险对象全生育期、保险时段的农业气象条件、主要气象灾害及其影响进行评价分析。分析主要农业气象要素（降水量、积温、日照），并制作代表站农业气象要素统计表、等值线图或色斑图；分析主要农业气象灾害过程起止时间、影响范围、强度等级以及对保险标的物的危害。并根据分析结果对全省以及市县保险标的物全生育期、保险时段的农业气候状况（包括年景）进行总体评述。

8.1.2.4　专题研究报告

专题研究报告是指将与政策性农业保险有关的研究成果（如农业气象灾害风险区划、农业气象灾害损失率评估）以专题报告的形式提供给保险公司、保监会等有关部门作决策参考之用。

8.1.2.5　气象认证报告

气象认证报告是为了配合保险理赔工作，在气象灾害发生后，针对具体保险赔案，通过气象、遥感等相关资料分析，结合现场查勘，分析确认灾害性天气或气象灾害发生的时间、地点、程度，对保险标的物造成的影响或损失等，提供气象认证意见。气象认证报告包括报告表和报告书。

对于农业保险赔案一般进行气象认证（如雨雪量、最低气温、风速等），不开展现场勘查，填写"政策性农业保险理赔气象认证报告表"。气象认证报告表编制内容如下。

（1）委托要求。主要说明拟委托认证的保险时段、区域以及拟认证的气象灾害种类、时段。

（2）分析意见。一是说明分析依据，包括使用了哪些资料（例如中尺度站观测资料、卫星遥感资料或雷达资料）用于分析认证；二是说明分析结果，其主要内容包括：气象灾害发生及持续时间，影响范围、强度，主要要素指标值，保险标的物的生长发育时期及状况、受灾程度等以及认证区域气象灾害强度，保险标的物受灾程度、损失量等。

（3）认证结论。阐明时间、地点、出现（或未出现）的天气现象、某特征气象要素值或气象指标以及造成（或未造成）的某种气象灾害对保险标的物产生何种影响（或未产生明显影响），最后给予事由成立或不成立结论。

一般对于重大理赔案例或难以分析确认的案例，需进行气象灾害现场勘灾定损，编制《政策性农业保险气象灾害认证报告书》。灾害现场勘灾定损包括以下几种情况：对气象灾害的勘灾定损必须开展灾害现场查勘；而对于气象灾害认证一般可以不开展现场查勘，但对于重大理赔案例或难以分析确认的案例需进行现场查勘。气象认证报告书编制内容如下：

（1）前言。说明勘灾定损案例委托和受理过程，查勘分析过程等。

（2）概述。对目标、技术方法、资料等作概述。

"委托事由及技术目标"是用来说明委托认证的区域、时段、保险标的物、灾害、认证要求，拟实现的技术目标等。

"资料及来源"需要说明分析评估所用的各类资料及其来源，现场查勘资料需具体说明现场查勘过程等。

"采用的技术路线、技术方法、模型"需要说明认证技术路线和流程、分析评估所采用的技术方法和模型。

（3）气象灾害评估。对拟认证的气象灾害发生发展过程、强度、范围等进行分析评估。

有关天气过程分析：对有关天气过程出现的时段、特征、气象要素值进行描述。

气象灾害特征分析：对气象灾害影响范围、时间、强度（等级）等进行分析评估。

（4）气象灾害损失评估。对气象灾害造成的保险标的物的影响和损失进行评估。

有关天气过程分析：对有关天气过程出现的时段、特征、气象要素值进行描述。

气象灾害特征分析：对气象灾害影响范围、时间、强度（等级）等进行分析评估。

保险标的物的生长发育情况：保险标的物的分布状况、发育期、苗情长势（及其与往年比较）等。

保险标的物受灾损失评估气象灾害特征分析：灾害造成的保险标的物的受害情况（受害表现、对植株或产量的直接或间接影响等），受灾面积估算、植株死伤率评估或产量损失率预估。

（5）结论与建议。在综合上述分析评估结果基础上，提出明确结论和有针对性的建议。

结论：对委托认证的保险标的物的受灾情况提出结论性意见。

建议：针对性提出减轻气象灾害损失的建议，以及保险理赔时应注意的问题。

8.1.3　天气指数农业保险

鉴于传统政策性农业保险存在局限性，农业保险制度和技术需要不断创新，而天气指数农业保险就是近年来出现的创新型农业灾害风险管理工具之一，它是目前将农业气象灾害风险或农业巨灾风险转移的最有效手段，也是未来农业防灾减灾的重要组成部分和决策支撑。

天气指数保险是以气象数据为依据计算赔偿金额的新型农业保险产品。其基本原理是把一个或几个气候条件（如气温、降水、风速等）对农作物的损害程度指数化，使每个指数都有对应的农作物产量和损益，保险合同以这种指数为基础，当指数达到一定水平并且对农产品造成一定影响时，向投保人给予相应标准的赔付。天气指数保险与传统政策性农业保险是相互补充的关系。它是帮助农民应对极端自然灾害的一种风险处理机制，直接把影响农作物产量气候条件的损害程度指数化，每个指数都有对应的农作物产量和损益。

天气指数农业保险对比传统农业保险，有如下优点：首先，天气指数保险克服了信息不对称问题，有利于减少逆选择，防范道德风险。逆选择和道德风险问题的根源往往是信息不对称。尽管投保人相对于保险人更了解自己的农作物状况，但天气指数保险并不以个别生产者所实现的产量作为保险赔付的标准，而是根据现实天气指数和约定天气指数之间的偏差进行标准统一的赔付。因此，在同一农业保险风险区划内，所有的投保人以同样的费率购买保险，当灾害发生时获得相同的赔付，额外的损失责任由被保险人自己承担。这种严格规范的赔付标准极大地解决了信息不对称问题，进而解决了逆选择和道德风险问题。其次，天气指数保险的管理成本远低于传统农业保险。天气指数保险合同是标准化合约，无须根据参保人的变化来调整合同内容。天气指数保险不需要对单个农产品进行监督。一旦发生保险责任损失，保险公司并不需要复杂的理赔技术和程序，只需从气象部门获取统计的气象数据，保户可直接按照公布的指数领取赔偿金。再次，天气指数保险合同的标准化使得其易于在二级市场上流通，这不仅方便人们获取保单，而且使得其定价过程更为遵循市场供求规律。较强的流动性也有利于在条件成熟时将其引入资本市场，利用强大的资本市场来分散农业风险。

尽管与传统农业保险相比，天气指数保险有着诸多优势，但在中国实际运营过程中，仍有一定局限性：第一，天气指数制定技术的限定性。天气指数是这种保险进行赔付所依据的标准，其准确与否与保险公司的费率确定及盈余亏损息息相关。而我国幅员辽阔，自然环境和气候条件复杂多变，再考虑到地区小气候的影响和我国气象技术的有限性，要想确定与农作物产量相关的准确的气象指数，难度很大。第二，基差风险。无论是国内还是国外，发展指数保险都面临共同的难题——基差风险。赔付的根据是现实天气指数和约定天气指数之间的偏差，因此，在同一农业保险风险区划内，所有的投保人以同样的费率购买保险，当灾害发生时投保人获得相同的赔付。但即使是遭到同样的灾害，村民与村民之间、村与村之间的受灾程度是不一样的，这样就有可能会出现一种状况：有的农户没有受灾，也会得到赔偿；有的受灾很严重，得到的赔偿不足以弥补其灾害损失。基差风险会影响到农户购买天气指数保险产品的心态，大多数人难以面对理赔低于损失的现实。第三，并非所有地区都适合开展天气指数保险。某些高风险的地域，因为那里的风险不具有可保性，或者说用保险的方式不经济，所以在这些地区用救灾的方式更有效。天气指数保险也不适用于某种耕作方式或某种作物，例如某些受天气风险影响很小且灌溉系统十分发达的地域，因为那里作物的产量变化与天气指数变化的关联度很小。第四，天气指数保险建立在模型基础上，数据处理难度大，综合性指数模型难以建立。模型运行取决于数据，我国气象指数保险发展还面临着基础性问题，即数据瓶颈。目前气象观测站点并非完全按指数保险的需求建设，有些地区观测站点难以覆盖或观测信息无法为核灾理赔和建立模型提供完整的数据。目前大部分天气指数保险多是针对单一灾种的保险，即指数只选取单一指标，如降雨量、温度，但是单一指标往往难以反映多重灾害的复杂情况，从得到研究数据到建立起综合性的指数模型，真实反映灾害对作物的影响难度颇大。

为了解决传统农业保险中存在的问题，国内对气象指数保险进行了较多的研究。2008年，中国农业部和联合国世界粮食计划署（WFP）以及国际农业发展基金（IFAD）共同启动了农村脆弱地区天气指数农业保险国际合作项目，中国农业科学院农业环境与可持续发展研究所执行该项目，多方专家研发设计了水稻种植天气指数保险，并在国内首次进行了农作物天气指数保险面向农户销售的尝试。2016年，为了解决传统水产养殖保险实务中查勘定损难问题，将先进的物联网感知技术与天气指数损失模型经验相结合，开发了可以在水产养殖领域应用的天气指数保险产品——河蟹养殖物联网天气指数保险。之后，浙江省开展了柑橘保险气象指数研究及应用平台建设的探索，广东省开展了橡胶甘蔗风力指数保险项目的研究，陕西省开展了苹果气象指数保险项目的研究等。近些年，气象指数保险产品已逐步覆盖了蔬菜、果树、烟叶、水产等多个领域。

目前，国际上天气指数保险市场正处于蓬勃发展阶段，相关的研究正在进行。主要有如何克服指数保险缺陷的理论和方法研究，以及完善天气指数保险产品设计、应用与评估等方面的研究。在开展农业保险试点的实践基础上，国内天气指数保险在农业保险风险区划、费率厘定、天气指数保险产品设计与应用，以及少数关于克服天气指数保险"基差"问题等方面已有了一些尝试性的研究。我国政府高度重视农业保险，并迫切需要适用于以小规模经营为主要特点的农业保险服务方法，以及开发专门的天气气象指数保险产品来满足农民和政府转嫁风险的需求。2015年9月，中国保监会《关于做好农业气象灾害理赔和防灾减损工作的通知》（保监产险〔2015〕192号）中，要求各财产保险公司"加快推进农产品价格保险、天气指数保险、产量保险、收入保险等创新型产品和补充保障型产品落地试点，满足新型农业生产经营主体多样化的保险需求"。

天气指数保险气象服务工作作为一项开创性的、新型的公共气象服务工作，从产品的研发到承保理赔，都需要气象部门参与。气象部门发布数据直接决定保险公司赔付，使气象部门直接与保险公司和被保行业挂钩，并承担国家赋予的气象灾害风险管理工具。开展此项工作，对于政策性农业保险和公共气象业务发展具有较重要的意义；同时，气象部门在防灾减灾中行使社会管理职能，增强了气象科技服务能力。

8.2　天气指数保险产品开发实例：北京蜂业干旱气象指数保险产品

8.2.1　背景介绍

干旱灾害是一段时间内由于阶段性供水不足，导致农作物生长发育受到影响，并且所受影响不能得到弥补或不能全部得到弥补，最终造成产量降低及品质变化的农业气象灾害。气象灾害给农业和农民造成的重大经济损失，仅仅靠国家财政和政府补贴是远远不够的，客观上很需要农业保险来转移分散风险、分摊经济损失。

指数保险是区别于传统的基于损害赔付保险的一种创新型保险产品。其赔付触发的条件与具体赔付的额度均以保险合同中约定的指数为准，而不以具体保险标的所遭受的实际损失为准。天气指数保险产品多种多样，如降水指数、干旱指数等，核心是以作物生长期内某个或某几个天气指标计算得出。与传统保险产品相比，气象指数保险具有理赔简单、经营成本低、道德风险和逆向选择易于控制、风险分散等优点。世界银行、国际农业发展基金（IFAD）、联合国世界粮食计划署（WFP）等国际组织非常重视气象指数保险在农业中的应用，相关产品在加拿大、墨西哥、印度、阿根廷、南非等国已经顺利推广。

目前，气象指数产品的理论与实践已经有很多的案例。如 Mahul 分析了与气象相关的保险产品效果；Skees 等认为气象指数保险降低了农保的运营成本，将逆向选择和道德风险最小化，适合于发展中国家采用；国际农业发展基金（IFAD）、联合国世界粮食计划署（WFP）等国际组织以中国的安徽为试点，开发了水稻种植气象指数保险产品；娄卫平等结合区域气象灾害风险特点设计了浙江省水稻、柑橘等农作物指数保险产品。我们在现有的气象指数农业保险合同涉及研究的基础上，针对养蜂产业保险产品需求，提供了一套指数保险产品设计框架，开发设计了蜂业干旱气象指数保险产品，并成功将产品在北京市应用推广，取得了良好的经济和社会效益。

8.2.2 技术方法

8.2.2.1 区域和数据

干旱保险产品设计涉及两方面数据：一是作物单产数据，二是干旱相关气候因子数据。其中，本项目中所用到的蜂蜜单产数据来自蜜蜂养殖专业户记录的 1972—2010 年的产量数据，并经过北京市蜂业蚕业管理站的认可；干旱相关的气候因子数据来自北京市气象局区域气象站。

根据北京市蜂业蚕业管理站统计数据，截至 2011 年，北京市蜜蜂饲养量达到 29 万群，其中密云区占到了 1/3，密云区的地理环境非常有利于蜜蜂养殖。本项目选取密云地区作为保险产品设计的研究区域，区域内的蜜源种类主要为荆条花。

8.2.2.2 总体技术路线

指数保险产品设计是一项涉及多学科的综合技术体系，需要农业科学、气象科学、保险科学三方面技术的协同合作。本文在收集北京地区蜂业产量数据、气象环境数据、干旱气象灾害数据、保险理赔数据等资料的基础上，参考国际上已经实施指数保险的国家及机构的产品设计技术和经验，综合运用现场调查、数值分析、作物生长模型、灾害风险管理理论、保险精算理论和专家评估等方法，分析北京地区蜂业干旱历史发生状况及保险理赔资料，构建干旱指数与产量的定量关系模型；基于历史时间序列风险评估理论，确定干旱损失风险概率，最终结合北京地区政策性农业保险的结构体系以及北京地区农民的保险意愿，设计蜂业干旱气象指数保险条款。

8.2.2.3 实地调查

调查的目的有两个：一是收集整理农民对承保作物的种植管理的经验知识，作为建立保险干旱指数和评判干旱对产量损失影响的依据；二是调查农民对干旱保险产品的认可程度，考察蜂农购买干旱指数保险产品的意愿及购买能力，同时可以提前宣传指数保险产品，为后期产品设计和推广销售提供市场基础。

8.2.2.4 数据预处理

气象指数保险产品设计成果中的一个重要目标是根据灾害发生规律、灾损程度推算保险费率，这个过程中最重要的一步是确定气象灾害对产量造成的影响，其重要的计算基础是可靠的产量数据。因此，数据预处理的目的是去除数据中的异常数据和由于极端气象灾害造成灾损异常波动的数据。由于单产数据来自农户记录，单产数据中不可避免会包含各种不确定因素的干扰。因此，需要对包含不确定因素干扰的数据进行剔除或修正，使之能够保证干旱指数与产量关系模型的显著性和可靠性。本书采用简单但实用的标准差统计检验方法进行数据异常值处理，处理方法如式（14）所示。

$$\begin{cases} |X_i - \overline{X}| > 3\delta, \ X_i \text{为异常值} \\ |X_i - \overline{X}| > 3\delta, \ X_i \text{为异常值} \end{cases} \tag{14}$$

式中：X_i 为样本单产数据；$\overline{X}$ 为样本平均值。

同时，通过实地与农民调查和基于历史灾情数据查验，剔除由于管理不足、极端灾害（极端冻害）影响的产量数据。

8.2.2.5 干旱指数

与作物干旱指数类似，保险干旱指数是表征作物产量受干旱胁迫程度的一种度量。保险指数保险中干旱指数与干旱指标不同，干旱指数必须建立在简单、易量化、区域适用性强的基础上，并且能够定量化表达保险作物产量因干旱造成的损失。中国气象局给出的气象综合干旱指数 CI、针对作物的水分亏缺指数 CWDI、水分盈亏指数等虽然可定量表达干旱程度，但计算起来非常复杂，并且需要气温、湿度、日照等多种气象要素，甚至需要当年的逐日数据。由于气温、湿度、日照等这些气象要素的可获取性较难以及对农民而言的可接受程度较低，这必然会增加保险产品推广的难度和不易被农民认可，甚至有可信度下降的风险。

蜂业干旱指数。目前，大多数天气指数保险产品通常将降水量作为保险天气指数，因为降水量是衡量干旱程度的最准确的代表。选定降水量作为蜂业干旱保险气象指数主要有两个原因：一是根据我们的调查，蜂农普遍认可降水量可以衡量蜂业干旱程度；二是降水量易于观测、计算，便于在保险条款中量化表达，可有效避免引起争议，降低道德风险。北京地区荆条花盛花期在 7 月，流蜜期持续 1 个月，8 月上旬终花。因此，设定 7 月降水量作为蜂业干旱保险气象指数。

8.2.2.6 理赔准则的构建

构建理赔准则的目的是明确气象指数与保险理赔金额之间的定量关系，其基础机制是建立干旱气象指数与作物灾损导致的减产率之间定量关系。我们基于统计分析方法和作物模型方法分别构建蜂业的干旱气象指数保险理赔准则。

蜂业干旱理赔准则。根据实地调查，蜂农普遍认为干旱年荆条花流蜜量少，丰水年荆条花流蜜量多，蜂蜜产量高。这里采用区域产量趋势分析方法计算蜂蜜产量因灾损失，定义相对气象产量为：

$$S_i = \frac{Y-Y_t}{Y} \times 100\% \qquad (15)$$

式中：Y 为蜂蜜实际单产，Y_t 为趋势单产，S_i 为相对气象产量。当 $S_i < 0$ 时，其绝对值定义为减产率。由于蜂蜜产量主要受干旱影响，同时在数据预处理部分已经提出极端气象灾害年的数据，因此，该减产率可作为干旱胁迫下的减产率。

8.2.2.7 纯费率厘定

北京市地形复杂，北部山区为主，南部平原为主，同一次灾害过程，相邻两个区县气象要素存在差异，造成的灾害后果不同。从政策性农业保险的可持续发展来看，根据保险精算理论，保险公司收取的保费应大于或等于其保险赔付总额，同时农户缴纳的保费要与其所在区县的风险水平相匹配。根据北京市气候中心常年的干旱监测经验，北京市各区县遭受干旱的风险存在一定差异。目前北京市政策性农业保险采用统一的保险费率，这会加重逆选择风险。北京市各个区县的降水量分布不相同，因此面临的干旱风险也不尽相同。

8.2.3 结果与服务

8.2.3.1 蜂业干旱理赔关系构建

利用蜂蜜产量数据，采用滑动分布回归取平均的方法计算趋势产量，并计算各年的减产率。结果显示，密云地区的蜂蜜产量在年份间波动很大，其中1980年出现最大减产率，达到68.6%；其次在1984年、1989年、2002年也出现过30%以上的减产率。通过回归分析，建立干旱指数与减产率之间的回归模型，拟合结果为一元二次方程如下：

$$y = -6 \times 10^{-6}x^2 + 0.0059x - 0.8776，p=0.04 \qquad (16)$$

通过显著性检验。

8.2.3.2 纯费率保险赔付条款

根据调查结果分析和专家讨论，确定北京市蜜蜂养殖每群蜂的成本为420元，即保险金额为420元。根据北京市政策性农业保险赔付要求，当出现降水量低于某一阈值时，触发赔付。保险产品赔付触发阈值的确定与保险纯费率的计算相关：触发阈值（减产率）越高，纯费率越低，农民所需缴纳保费越低；触发阈值越低，纯费率越高，农民所需缴纳保费越高。因此，保险赔付条款的确定是保险赔付触发阈值和保险纯费率之间的综合平衡。

根据北京市政策性农业保险，一般使用费率 = 纯费率 × （1+10%）。通过计算不同诱发系数下的纯费率，计算结果如表8.1。

表8.1　不同诱发系数下纯费率计算结果

诱发系数	20%	30%	40%	50%	60%	70%
纯费率	0.1265	0.0874	0.0764	0.0681	0.0432	0.0384
使用费率	0.1392	0.0961	0.0840	0.0749	0.0475	0.0422

由表8.1可见，在20%减产率作为起赔点时，纯费率将超过10%，使用费率达到13.9%；30%减产率作为起赔点时，纯费率低于10%，使用费率为9.6%。根据北京市政策性农业保险实际情况，为提高农民的积极性，充分考虑风险大小确定费率，以30%减产率作为蜂业干旱指数保险产品的赔付阈值。利用减产率与干旱指数的拟合方程，计算得到30%减产率对应的干旱指数为110 mm，即降水量低于110 mm时，保险公司需支付保险金进行赔付。

理论上，减产率与干旱指数的拟合方程可计算得到不同减产率条件下对应的干旱指数，可计算不同干旱指数所应赔付金额。但实际过程中面临两个问题：一是理论计算值相对偏低，如表8.2中90%减产率所对应的指数为3 mm。二是赔付计算方法复杂，农民对保险产品不认同。因此，本文对赔付过程做如下调整：

采用投影寻踪方法将赔付方程线性化：以30%减产率作为起赔点，每10%减产率作为分段间隔。按照下式计算赔付。

$$P_{\text{ayout}} = T \cdot \left[\text{Loss}_{\text{down}} + \frac{\text{Loss}_{\text{up}} - \text{Loss}_{\text{down}}}{P_{\text{up}} - P_{\text{down}}} \cdot (P_{\text{up}} - P_{\text{act}}) \right] \quad (17)$$

式中：T 为保额；$\text{Loss}_{\text{down}}$ 为分段内减产率下限；Loss_{up} 为分段内减产率上限；P_{up} 为分段内干旱指数上限；P_{down} 为分段内干旱指数下限。

以理论计算值为基准初始值，适当调整不同减产率对应的指数值，利用近39 a历时降水量资料计算总赔付金额和总保费，基于盈亏平衡原则确定调整后的指数。调整后不同减产率对应的干旱指数见表8.2。

表 8.2　不同减产率对应的干旱指数

减产率 /（%）	30	40	50	60	70	80	90
拟合方程指数 /mm	110	89	68	49	31	13	3
调整后指数 /mm	110	90	70	50	40	30	20

通过以上方法处理，将保险赔付结构进行简化，设计出保险赔付结构，不同降水量范围内每毫米降水量所赔付的金额不同，降水量在 20 ~ 50 mm 范围内，每毫米降水量对应赔付 4.2 元，降水量在 50 ~ 110 mm，每毫米降水量对应赔付 2.1 元。

8.2.4　推广效益及适用地区

农业保险产品在发展中国家推广销售最大的困难之一是农户分散、经营成本高。同时，保险公司需要解决农民对产品的认知度问题，因为大多数农民的文化知识水平较低，对于保险条款的复杂性描述往往理解上有困难，因而产生顾虑。为解决上述问题，我们基于蜂业产业链的管理方式进行设计引入蜂业管理站和合作社作为产品宣传和推广的主要中介，增强产品的宣传力度和可信度，使农民更容易接受该保险产品。因为保险条款限定农民投保的蜂群必须取得养蜂证，并且加入养蜂合作组织，所以这种方式从产业链的顶层保证了产品销售过程的可追踪性和可靠性。

蜂业干旱气象指数保险产品的适用范围为北京区县及与北京具有类似气候和地理特征的地区。

参考文献

[1] 董艳丽，刘艳霞，徐树军 . 气象灾害对蔬菜的影响 [J]. 农民致富之友，2007（10）：19.

[2] 韩鹏，安艳阳，郄东翔，等 . 低温冻害对蔬菜生产的影响及应对措施 [J]. 长江蔬菜，2013（3）：37–38.

[3] 黄晓照，叶靖平 . 广西主要气象灾害对甘蔗生产的影响 [J]. 广西农学报，2006（3）：16–18.

[4] 金志凤，姚益平，王治海，等 . 农产品气候品质认证技术规范：QX/T 486—2019[S]. 北京：中国标准出版社，2019.

[5] 李海红，李锡福，张海珍，等 . 牧区雪灾等级：GB/T 20482—2006[S]. 北京：中国标准出版社，2006.

[6] 梁颖，马树庆，张明 . 基于模糊隶属函数的吉林市烤烟种植气候适宜性区划 [J]. 气象与环境学报，2022，38（1）：100–105.

[7] 刘进生，汪隆植，李式军，等 . 番茄耐热优良品种筛选初报 [J]. 中国蔬菜，1994（6）：33–35.

[8] 龙振熙，姚正兰 . 茶叶生长期气象条件分析 [J]. 农技服务，2010，27（11）：1498–1500.

[9] 吕凯，魏凤娟 . 棉花的防灾减灾 [J]. 农业灾害研究，2013，3（Z2）：45–47，50.

[10] 马玉乾，刘裕岭 . 黄瓜冷害症状及预防措施 [J]. 上海蔬菜，2014（1）：70–71.

[11] 庞松江，张巍 . 低温冷害气候条件对蔬菜的影响 [J]. 农民致富之友，2012（6）：57.

[12] 王英梅，王佳禹，石永昌，等 . 瓦房店葡萄气候品质认证技术研究 [J]. 现代农业科技，2020（17）：216–217.

[13] 杨举善，戴敬 . 浅析涝灾对棉花生育的影响及补救对策 [J]. 作物杂志，1993（2）：21–23.

[14] 尹先龙 . 临海茶叶分布与气象服务的思考 [J]. 安徽农学通报，2015，21（18）：143–145.

[15] 尹圆圆，王静爱，赵金涛，等 . 棉花冰雹灾害风险评价——以安徽省为例 [J]. 安徽农业科学，2012，40（25）：12506–12509.

[16] 俞希根，孙景生，肖俊夫，等 . 棉花适宜土壤水分下限和干旱指标研究 [J]. 棉花学报，1999（1）：36–39.

[17] 张志忠，黄碧琦，吕柳新 . 蔬菜作物的高温伤害及其耐热性研究进展 [J]. 福建农林大学学报（自然科学版），2002（2）：203-207.

[18] 赵炜，徐清，陆秀兰 . 自然灾害对油菜生产的影响及对策 [J]. 现代农业科技，2009（17）：177-178.

[19] 赵志强 . 未来全球气候变暖对我国花生生产的影响 [J]. 花生科技，1999（Z1）：93-96.

[20] 杨太明，高锷，程文杰，等 . 安徽省粮食作物天气指数农业保险研究与实践 [M]. 北京：气象出版社，2018：127-136.

[21] 王景红，等 . 果树气象服务基础 [M]. 北京：气象出版社，2010.

[22] 吕润，梁彩红，邹海平，等 . 海南妃子笑荔枝精细化农业气候区划研究 [J]. 热带农业科学，2021，41（12）：117-122.

[23] 刘少军，张京红，李天富，等 . 基于 GIS 组件技术的生态质量气象评价系统 [J]. 气象与环境学报，2006，22（3）：51-53.

[24] 邓姝娟，陈海英，孟淑玉 . 凉城县甜菜生育期气象条件分析 [J]. 内蒙古气象，2012（4）：11-13.

[25] 王女华 . 风灾对设施农业的影响及防灾减灾措施 [J]. 农业科技与装备，2016（9）：74-75.